Axure RP 8
Prototype Design(Web+App)

Axure RP 8
网站与App原型设计

王兆丰 王雅宁 | 编著

U0318279

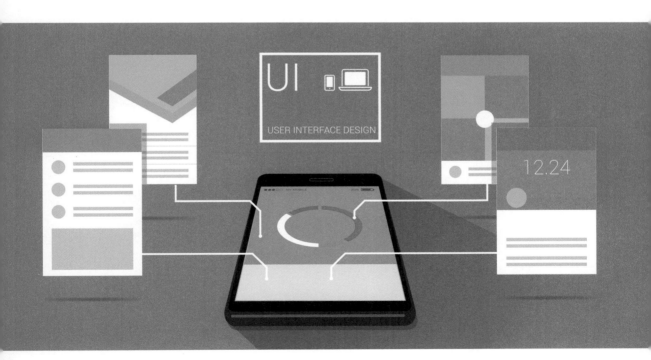

人民邮电出版社

北 京

图书在版编目（ＣＩＰ）数据

Axure RP 8 网站与APP原型设计 / 王兆丰，王雅宁
编著. -- 北京 ：人民邮电出版社，2017.5（2018.6重印）
ISBN 978-7-115-44768-5

Ⅰ．①A… Ⅱ．①王… ②王… Ⅲ．①网页制作工具
Ⅳ．①TP393.092.2

中国版本图书馆CIP数据核字(2017)第052962号

内 容 提 要

本书以实战开发为原则，每章都贯穿一个实战案例，同时提供 3 个完整的项目案例。项目案例代表了典型的原型设计，有门户网站高保真原型设计、移动 App 应用高保真原型设计以及一个低保真原型设计。本书通过学习 Axure 基础和项目案例，让读者全面、深入、透彻地理解 Axure 原型设计工具使用，提高读者产品设计能力和项目实战能力。本书附赠实战生成的 HTML 文件以及实战的 RP 文件，在学习过程中读者可以直接使用这些素材进行原型设计。

本书内容丰富、实例典型、实用性强，适合各个层次想要学习 Axure 原型工具使用技术的人员阅读，尤其适合有一定 Axure 基础而要进行产品原型设计的人员阅读。

◆ 编　著　王兆丰　王雅宁
责任编辑　刘　博
责任印制　杨林杰

◆ 人民邮电出版社出版发行　　北京市丰台区成寿寺路 11 号
邮编　100164　电子邮件　315@ptpress.com.cn
网址　http://www.ptpress.com.cn
北京捷迅佳彩印刷有限公司印刷

◆ 开本：787×1092　1/16
印张：18　　　　　　　　2017 年 5 月第 1 版
字数：449 千字　　　　　2018 年 6 月北京第 2 次印刷

定价：89.00 元

读者服务热线：(010)81055256　印装质量热线：(010)81055316
反盗版热线：(010)81055315
广告经营许可证：京东工商广登字 20170147 号

前　言

Axure RP是项目经理在设计过程中的常用工具，不仅可以快速、准确地做好产品原型，而且可以帮助项目经理在对客户介绍产品时，更加准确地让客户了解产品以及快速地熟悉该产品，并能大大缩短项目的工期，有效利用资源，提高产品编程效率。

为了使读者快速掌握Axure RP 8 的使用方法，快速设计产品，以及了解如何制作低保真原型和高保真原型等，笔者精心编写了本书。本书以循序渐进的方式，结合大量例子深入浅出地组织内容，介绍操作方法。本书适合用户体验设计师、产品经理、UI设计师和互联网创业者等人群参考，从而快速掌握并使用Axure RP 8 进行制作原型。

本书内容安排

本书共分为两篇，结合了大量例子循序渐进地介绍了Axure RP 8 特色、元件、项目实例等。

第1篇（第1章~第9章）为基础篇，介绍了Axure RP 8 的基本操作以及如何创建团队项目。包括如何安装Axure RP 8，并通过例子介绍了如何制作低保真原型和高保真原型，以及Axure RP 8 的新增功能及特色等。

第2篇（第10章~第12章）为实战篇，通过项目实例介绍了图书管理系统（高保真原型）、手机App微信原型设计（高保真原型）、QQ邮箱原型设计（低保真原型）等。

本书特点

本书使用通俗易懂的语言，介绍了如何使用Axure RP 8 快速设计产品以及快速制作原型等。本书知识范围控制在初级及中级内，结合笔者经验及技巧，以大量例子进行图文示范。内容特点体现在以下方面。

❑　编排采用循序渐进逐步提高的方式，适合初级、中级读者逐步掌握如何使用Axure RP 8 进行项目原型设计，学会快速制作高保真原型等。

❑　在介绍使用Axure RP 8 设计产品原型的同时，也简述产品原型中的一些技术性知识，为读者理解和实践Axure RP 8 制作原型提供帮助。

□ 本书采用了大量的实例，介绍了Axure RP 8 的功能、元件的操作方法、使用技巧以及如何快速制作原型。

□ 本书重点介绍了如何创建团队项目、局部变量、全局变量和函数等。

□ 所有实例都极具有代表性和可操作性，并着重介绍了如何使用Axure RP 8 制作各种交互效果的原型。

□ 有针对性地对疑难点及重点加以案例阐释，并把抽象的知识点，以通俗易懂的语言进行介绍，有利于帮助读者理解学习。

□ 对于操作过程中需要注意的事项及关键要点予以特别提示。

适合阅读本书的读者

□ Axure RP 8 的初学者。

□ 用户体验设计师、产品经理、UI设计师和互联网创业者等人员。

□ 想了解Axure RP 8 如何制作原型的人员。

本书由河北农业大学艺术学院的王兆丰、华北电力大学（保定）王雅宁共同编写，其中，王兆丰负责编写第1～6章，王雅宁负责编写第7～12章。其他参与全书编写工作的还有梁静、黄艳娇、任耀庚、刘海琛、刘涛、蒲玉平、李晓朦、张鑫卿、李阳、陈诺、张宇微、李光明、庞国威、史帅、何志朋、贾倩楠、曾源、胡萍凤、杨罡、郝召远。

2017年3月

目 录
CONTENTS

第一篇
基础篇

第二篇

实战篇

第一篇　基础篇

第1章　Axure原型设计概述

在信息化普及的今天，特别是伴随着互联网的高速发展，市场上出现了大量的软件产品，并且产品的迭代速度越来越快。从最初产品功能基本可以使用到现在融入大量的用户需求，用户对产品的功能易用性，交互效果上都有了自己的想法。在与客户交谈过程中，明显可以感觉到产品原型远比文档或者其他方式更容易被用户接受，也更能挖掘用户最真实的需求。原型设计除了能获取到用户的需求，还是交互设计师与设计人员、项目管理人员、软件开发工程师等最有效的沟通方式。

Axure原型设计工具能快速创建应用软件或Web网站的线框图、流程图、原型和规格说明文档，无疑是原型设计最佳的工具选择。

本章主要涉及的知识点有：

☐ 原型设计：原型设计的类型。

☐ Axure RP原型工具的使用：工具的安装、注册、汉化和工作界面的介绍。

☐ Axure RP快捷键的使用。

☐ Axure RP 8 的特色。

1.1 原型设计与工具

原型设计以用户为中心的思想会贯穿整个产品，设计师们会利用专业的眼光和丰富的设计经验快速构建出一个产品原型，产品原型可以是低保真的原型，也就是产品前的一个简单框架，也可以是高保真的原型（也就是视觉效果和交换效果和最终产品效果几乎一样）。

1.1.1 什么是原型设计

信息化高速发展的今天，用户的需求激增，但是用户并不明白自己到底想要什么样的产品，产品原型能快速地挖掘出用户的需求，因此原型设计就显得至关重要。设计师们可以根据项目的大小、项目的类型、项目的工期，以及用户的需求来制作原型。

原型大致可以分为草图原型、低保真原型和高保真原型3类。

（1）草图原型：不少设计师们喜欢在白板上画个自造的草图，像流程图却非流程图，这样的做法有一个巨大的好处，可以帮助设计师在交付成果之前，与整个团队进行沟通，事先得到大家一定程度的反馈，预防在正式投入开发之后，才发现可以避免的问题。这样的原型适合于小项目、工期短、用户需求少的产品，它可以简单、快捷地描述出产品大概需求，记录瞬间的灵感。

（2）低保真原型：根据现存的界面或者系统，利用相关原型设计工具进行设计，包括系统的大致结构和基本交互效果，虽然它可以反映出用户需求的基本功能和使用效果，但是在美观度和效果的真实程度上还欠佳。低保真原型是与项目经理和开发人员进行有效沟通的方式，可以快速构建产品大致结构，提供基本交互效果。

（3）高保真原型：它是用于产品的演示（Demo）或者概念设计的展示，在视觉上与实际产品一样，在体验上也几乎接近真实产品。为了达到完整的效果，设计师需要在设计上花费很多精力，包括产品的构建，交互效果的真实设计。高保真原型可以是用来给客户进行演示，在视觉和体验上征服客户，最终赢得用户的信赖。

1.1.2 目前常用的原型设计工具

原型设计可以大大提高人们的工作效率并降低沟通成本。原型设计工具也在不断更新，本书要介绍的是Axure RP，这个工具在国内很多大型互联网公司正在使用与推广（如淘宝等），同时它也是产品经理必备的原型设计工具，因为它上手快、操作简单，满足产品经理的需求。

人们最初在白板上或者草纸上手绘，瞬间记录创意和灵感，虽然上手快，可以即时进行修改，但是难以表达软件的整体流程和交互效果。之后经历了用画图工具进行绘制，包括Windows的画图工具，Photoshop工具，Word画图、Excel画图或PPT画图，这些画图工具不利于表达交互效果和演示效果。后来又经历了Visio、Dreamweaver画原型，但是这两种工具功能相对比较复杂，操作难度大，在交互效果上也不是很到位。最后是现在的Axure等专业的原型设计工具。原型设计的方式是由客户的需求决定的，早期的软件设计简单，基本没有什么交互，设计师用手绘或者画图工具就可以表达出软件的原型。但是随着用户体验的增多，用户需求的变动，需要原型最真实地表达出软件的功能，增加交互效果，而要满足这种原型设计就需要专业的原型设计工具，Axure无疑是专业原型设计工具的最佳选择。

Axure既能做出低保真原型又能做出高保真原型，解决需求部门和技术部门的沟通问题，原型所表达出的效果和软件真实的功能在视觉上和体验上基本一样，不需要用文档描绘效果，就能达到最佳的沟通效果。

> 注意：在制作原型的时候，并不是只能使用一种原型设计方式，比如纸笔可以在初期记录创意和思路，Word适合于文字的详细表达，而PPT是演示讲解时最好的选择方式，Axure可以作为内部沟通的一种方式，也可以给用户演示产品。

1.1.3 Axure RP的设计目的

使用Axure进行原型设计的理由很简单，因为它够专业、够快、容易学。刚刚接触原型设计并选择Axure作为原型设计工具的设计者，大多数是因为工作安排的缘故，需要使用Axure进行产品设计。

笔者在最初接触Axure原型设计工具时，也是因为工作的需要。通过对Axure的学习，开始时基本会使用Axure RP制作出软件的基本结构，随着软件使用的深入，逐渐掌握各种交互效果，当完整地做出一款产品原型时，笔者发现Axure RP能让用户快速掌握它的使用，并且解决了人们工作上的难题，从此以后笔者便离不开Axure了。

1.1.4 Axure RP的设计优势

互联网行业产品经理的一项重要工作，就是进行产品原型设计（Prototype Design）。而产品原型设计最基础的工作，就是结合批注、大量的说明以及流程图画框架图，将自己的产品所要表达的效果完整而准确地展示给用户界面（UI）、用户体验（UE）、程序工程师、市场人员，并通过会议沟通，反复修改，直至最终确认，最后开始后期编程、投入使用。

目前在市场上，进行产品原型设计的软件工具比较多，本书所介绍的Axure RP，是淘宝、当当等国内大型网络公司的团队在推广使用的原型设计软件。同时，此软件也在产品经理圈中广为流传。Axure RP能得到大家的认同和推广，是因为其通过简便的操作能达到逼真的产品最终效果，所以产品经理、交互设计师们都比较热衷于Axure RP。

1.1.5 Axure RP 8 的特色

Axure RP 8 版本强化了Axure的3个核心功能——原型、交互和协作，新版启动画面如图1.1所示。

1. 用户界面

Axure RP 8 版本相对于老版本，用户界面有以下变化。

图1.1　新版启动画面

（1）合并了3个部分：元件交互和注释、元件属性和样式、页面属性。将"页面属性"从底部提至右侧，主要编辑区域变得更为开阔，如图1.2所示。

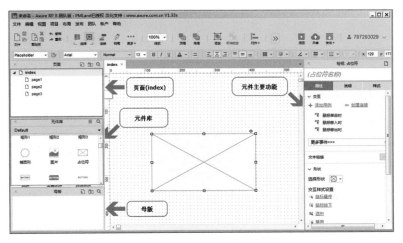

图1.2　Axure RP 8工作界面

（2）站点地图（Sitemap）改为页面（Pages）。

（3）元件管理（Widget Manager）改为提纲（Outline）。

（4）工具栏有所删减。

（5）Mac和PC版本使用相同的顶部工具栏。

2. 默认控件

Axure RP 8相对于老版本，默认控件有以下变化（见图1.3）。

（1）增加许多控件样式，包括不同形状的框和按钮等。

（2）增加"标记"控件，如"快照、便签、箭头"部件等。

（3）在文本字段和文本区域，选中焦点后将隐藏提示文本。

（4）优化了矩形形状。

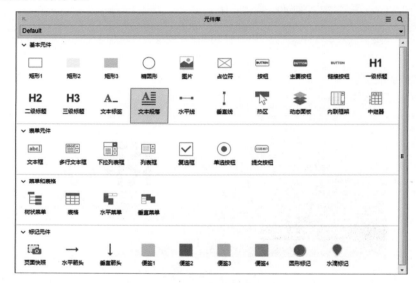

图1.3　Axure RP 8默认控件

3. 元件样式

Axure RP 8相对于老版本，元件样式有以下变化（见图1.4）。

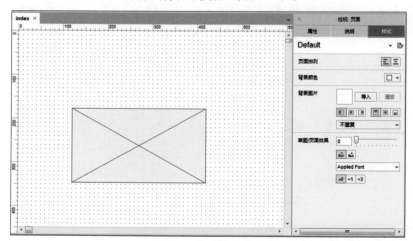

图1.4　元件样式

（1）可以在检视页面（页面右侧原"部件交互和注释"的位置）中添加、更新元件样式。

（2）所有样式均以新的默认样式为基准。

（3）样式下拉可显示预览。

4. 编组

Axure RP 8 相对于老版本，编组有如下变化（见图1.5）。

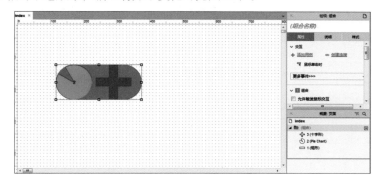

图1.5 编组操作

（1）编组将在提纲（Outline）中列出。

（2）可以在整个编组上添加交互。

（3）可以在编组上做一些动作，比如隐藏编组、显示编组等。

5. 钢笔工具和自定义形状

Axure RP 8 相对于老版本，钢笔工具和自定义形状有如下变化（见图1.6）。

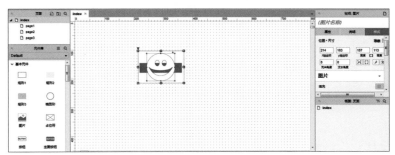

图1.6 钢笔工具

（1）可以绘制自定义形状和图标。

（2）可以将形状部件转换为自定义形状。

（3）可以通过翻转、合并、减去、相交、排除来改变形状。

6. 流程图

Axure RP 8 相对于老版本，流程图有如下变化。

（1）所有形状、图像和快照元件都有连接点。

（2）只有当使用连接工具或鼠标放在元件上时，连接点才是可见的。

（3）连接点更大，更容易选择。

7. 操作

Axure RP 8 相对于老版本，操作有如下变化。

（1）可以进行旋转操作。

（2）形状、图像、热区、表单元件等都可以设置尺寸大小。

（3）设置尺寸大小时有锚点。

（4）设置自适应视图。

（5）事件（用于在小部件或页面上触发事件）。

（6）为移动行为设置了合理的边界，如图1.7所示。

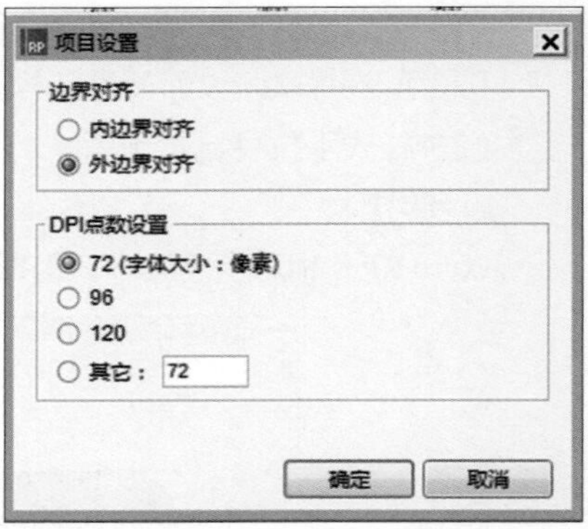

8. 新事件

Axure RP 8 相对于老版本，新事件有如下变化。

（1）加载事件（OnLoad）可用在所有元件上。

图1.7 设置边界

（2）旋转事件（OnRotate）可用在形状、图像、线、热区上。

（3）OnSelectedChange、OnSelected、 OnUnSelected等事件可用在形状、图像、线、热区、复选框、单选按钮、树状结构上。

（4）调整大小（OnResize）可用在动态面板上。

（5）调整项目大小（OnItemResize）可用在中继器上。

9. 快照部件

Axure RP 8 相对于老版本，快照部件有如下变化（见图1.8）。

（1）可捕捉页面图像或控件主体图像。

（2）调整偏移量。

（3）在参考页面上可更换图像。

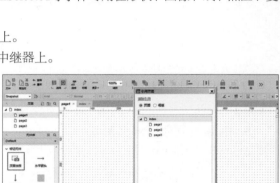

图1.8 页面快照元件

1.2 准备Axure RP

在进行原型设计工作之前，我们需要对Axure RP 8 原型设计工具进行学习，目前Axure RP最新版本是8，下面开始Axure RP 8 学习之旅吧。

1.2.1 Axure RP的安装

（1）在"http://www.yuanxingku.com/article-690-1.html"网站下载本软件，如图1.9所示。

（2）双击"Axure RP8-win-Setup.exe"，安装Axure RP 8 原型设计工具，会出现图1.10所示乱码界面，这是平台的兼容性问题所引起的，不影响安装及使用。

（3）图1.10执行完后，会出现图1.11所示界面，单击"Next"按钮继续安装。

（4）同意Axure证书协议，勾选复选框，单击"Next"按钮继续安装。

（5）选择安装存放路径，单击"Next"按钮进行下一步。

图1.9　本软件详细名称

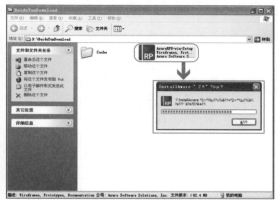

图1.10　乱码界面

图1.11　继续安装

（6）出现两个单选按钮，All Users代表所有用户都可以使用，Current User Only代表只有自己可以使用，此处选择第一个单选按钮，单击"Next"按钮继续安装。

（7）一直单击"Next"按钮，在最后一步去掉勾选复选框，单击"Finish"按钮完成安装。

（8）解压axure8.0_cn.zip汉化压缩包到axure8.0_cn文件夹，准备汉化。

1.2.2　Axure RP的汉化

1. Windows版汉化方法

将下载的lang文件夹复制到Axure的安装目录。最终lang包所在的目录位置类似如下格式。

c:\Program Files\Axure\Axure RP Pro 8/lang/default（32位系统）；

c:\Program Files (x86)\Axure\Axure RP Pro 8/lang/default（64位系统）。

2. Mac版汉化方法

汉化前需要先启动一次Mac下的英文版，然后汉化，否则汉化后启动Axure RP会显示程序已损坏。Mac版的Axure输入注册码需要在汉化前的英文界面下输入，汉化后再输入会导致软件崩溃。

①打开"应用程序"目录，找到Axure RP Pro 8。

②在上面右击"显示包内容"，然后依次找到Resources目录。

③将下载的lang文件夹（包含其中的default文件）复制到这个目录下。

最终汉化包所在的目录位置类似如下格式。

/Applications/Axure RP Pro 8.app/Contents/Resources/lang/default。

1.2.3 Axure RP的注册

汉化完之后启动Axure程序，进入到Axure工作界面，准备注册工作，单击"Help"|"Manage License key…"菜单命令，选择注册命令菜单。

安装包里有个注册码文本，或者用户上网寻找有效注册码，在弹出框输入用户名和注册码，单击"Submit"按钮，即进行注册。

1.3 Axure RP的主界面

Axure RP 8 安装成功后，下面开始认识软件界面，软件界面大致可分为九大模块，如图1.12所示。

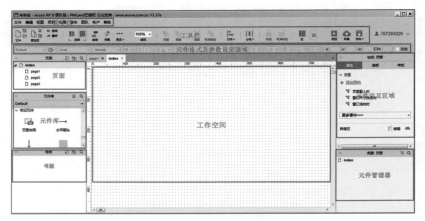

图1.12 认识软件界面

（1）菜单栏：包括文件、编辑、视图、项目、布局、发布、团队、账号和帮助9个菜单项。和很多软件一样，菜单栏中的菜单项是软件的一些常规操作。我们在注册时，使用帮助菜单项，在那里可以完成注册功能。

（2）工具栏：是进行页面编辑的一些快捷工具按钮，包括保存、剪切、复制、撤销操作以及字体大小颜色等工具按钮。

（3）元件格式及参数设定区域：可以设置元件的属性以及元件的参数。

（4）页面：在这里可以了解要设计的软件大致结构，可以进行增加页面、移动页面、删除页面等操作。

（5）元件库：包含线框图元件、流程图元件、自定义元件和下载安装的元件。线框图元件里有矩形元件、动态面板元件、文本元件等，在使用的时候，选中要使用的元件，直接拖曳到工作区域即可。

（6）母版区域：用来设计一些共用、复用的区域，例如网站尾部版权区域，可能每个页面都会用到版权信息，在这里设计一次，在其他页面可以直接引用，达到共用、复用的效果。

（7）工作区域：大多数操作在这里完成，包括部件的编辑、页面的交互效果制作等操作。

（8）元件交互区域：在这里完成元件的交互效果，该区域设置了很多种交互效果，例如元件在鼠标单击时是什么效果，在鼠标移入时又是什么效果，以及对元件进行命名。当鼠标单击工作区域中的空白区域时，Axure RP 8 会自动切换到页面交互区域，页面交互区域包括页面样式、页面交互、页面注释3个方面。在页面样式里设置页面对齐样式；在页面交互里设置页面交互动作；在页面注释里添加页面注释。

（9）元件管理器：用来管理元件，可以管理动态面板，在这里可以进行增加动态面板、移动动态面板以及删除动态面板等管理元件的操作。

在后续的章节中，读者可以深入学习Axure RP 8 原型设计工具的使用，了解各个区域是如何使用并工作的，从而制作出低保真原型和高保真原型的产品原型。

 注意：本小节熟悉的软件的操作界面和基本格局，在后续的章节中会详细介绍。

1.3.1 Axure的文件格式

通过Axure设计原型文件，可生成以下3种文件格式。

（1）扩展名.rpprj（数据文件）：Axure RP的共享项目文件。通过Axure RP 8 原型和线框应用程序创建共享项目文件，可以共享，注释，版本控制和设计过程中的升级，共享项目文件通常用于创建用户界面样机。共享项目文件和普通Axure RP文件不同，共享项目使项目文件存储在共享网络驱动器或协作开发的Subversion版本控制库中。用户可以通过选择文件→新建团队项目来创建一个共享的项目，还可以通过文件→打开团队项目，来共享项目的获取并开放共享项目。

（2）扩展名.rp（数据文件）：RP文件是用Axure RP制作的文件，RP其实就是rapid prototype，即快速原型。一些线框图、流程图、网站架构图、示意图都可能是RP文件。

（3）扩展名.rplib（插件文件）：Axure RP 8 窗口小部件在使用时，线框图和原型开发工具可以自定义一个新的图标或交互式可视化元件，可以放置一个Axure RP项目文件，也可以使用原型和实体模型自定义元件。Axure RP 8 元件库，可用于模拟不同平台的外观和感觉。例如，自定义元件库可能包含看起来像Android或iPhone的用户界面图标或按钮。用户可以双击RPLIB文件来载入新的自定义元件。需要注意的是，早期版本的软件元件可能无法与更高版本兼容。

1.3.2 团队项目

团队项目可以全新创建，也可以从一个已经存在的RP文件创建。在创建团队项目之前，用户最好有一个SVN服务器或者共享驱动器。具体使用时我们再详细介绍。

1.3.3 工作环境

Axure RP 8 的工作环境如图1.13所示。

其中，①为菜单栏，②为工具栏，③为页面，④为元件库，⑤为母版，⑥为元件交互样式，⑦为元件管理，⑧为工作区域。

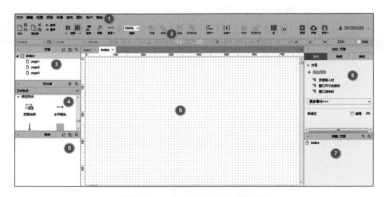

图1.13　　Axure RP 8工作环境

1.3.4　自定义工作区

用户可以根据自己的使用习惯对工作区域进行重新设计。

（1）显示/隐藏某个面板。单击菜单栏中的"视图→功能区"选项，在这里可以通过勾选或者不勾选，设置对应面板的显示或隐藏，如图1.14所示。

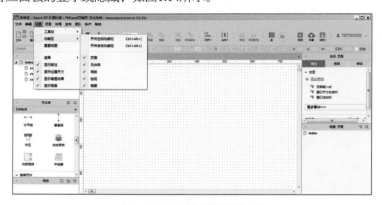

图1.14　　显示或隐藏工作面板

（2）脱离面板。在某些情况下，用户想更顺畅地工作，可以让设计空间变得更大，这时可以设置左侧、右侧、底部的面板脱离。要脱离某个面板，只需单击该面板的左上角的弹出按钮即可，如图1.15所示。

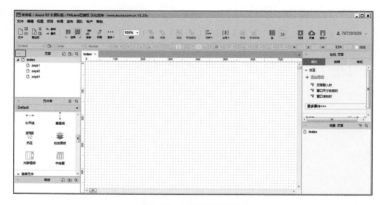

图1.15　　弹出页面面板

但是面板的默认位置无法改变，如果页面（站点地图）默认在左上角，用户无法把它默认放在其他位置。

1.3.5 页面（站点地图）

页面（站点地图）用来增加、删除和组织管理原型设计中的页面。添加页面的数量是没有上限的，如果是很大的项目，页面非常多的时候，建议使用文件夹进行管理，如图1.16所示。

其中，①为添加新页面，②为添加文件夹，③为搜索页面。

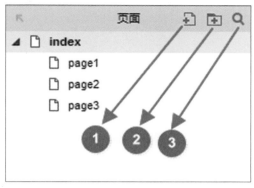

图1.16　页面管理

1.3.6 元件概述

通过元件库面板，用户可以使用Axure自带的元件库，也可以下载并导入第三方元件库，或者管理自己的自定义元件库。在默认显示线框图元件库中包含基本元件、表单元件、菜单和表格，以及标记元件4个类别，如图1.17所示。

其中，①为元件库下拉列表，单击想要使用的元件库即可选择（如流程图元件库）；②为元件库选项按钮，可以载入已经下载的元件库、创建或编辑自定义元件库及卸载元件库；③为搜索元件库。

1.3.7 交互基础

在Axure中，要想达成交互效果，需要包含4个构建模块：交互（Interactions）、事件（Events）、用例（Cases）和动作（Actions）。交互是由事件触发的，事件是用来执行动作的。

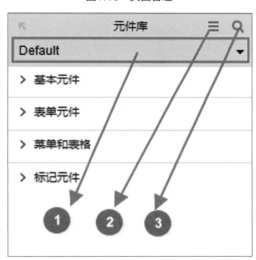

图1.17　Axure RP 8元件库

1.3.8 母版

母版可以用于创建重复使用的资源，以及管理全局变化，是整个项目中重复使用的元件容器。用于创建母版的常用元素有页头、页脚、导航、模板和广告等。母版的最大功能在于设计师们可以在任何页面轻松地使用母版，而不需要重复制作或复制粘贴，并且可以在母版面板对母版进行统一管理。设计师只要对母版做出修改并提交，其他页面所使用的相同母版都会同时改变。设计师还可以使用多个母版并将其添加在任何页面上。当每个页面都有大量相同重复的元件时，建议设计师使用母版，这样可以提高效率、节省时间。

1.4　案例：一个App登录页的低保真原型制作

下面一起来制作登录低保真原型，感受一下Axure如何快速地制作出原型，以及感受一下Axure

原型设计工具的魅力。

（1）拖曳一个矩形元件到工作区域，作为登录区域的边框，如图1.18所示。

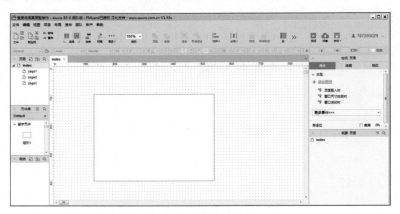

图1.18　登录边框

（2）拖曳两个标签元件到工作区域，分别命名为"用户名""密码"，如图1.19所示。

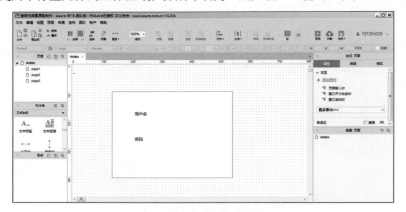

图1.19　新增用户名和密码

（3）拖曳两个文本框元件到工作区域，作为"用户名"和"密码"的输入框，如图1.20所示。

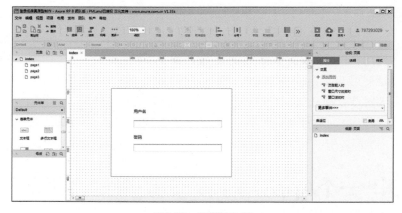

图1.20　新增输入框

（4）拖曳一个HTML按钮元件到工作区域，作为登录的提交按钮，如图1.21所示。

图1.21　新增登录按钮

本章习题

一、填空题

1. 在Axure中，要想达成交互效果，需要包含 _____、_____、用例（Cases）和_____4个构建模块。交互是由_____触发的，_____是用来执行动作的。

2. Axure RP 8 的文件格式包含 _____、_____ 和 _____ 3种格式。

二、选择题

1. Axure RP 8 的工作环境分为（　　）个部分。

A. 7   B. 8

C. 9   D. 10

2. 以下（　　）不是Axure RP 8 的核心功能。

A. 交互   B. 原型

C. 协作   D. 演示

三、上机练习

1. 使用钢笔工具制作一个放大镜。

2. 使用Axure RP 8 设计一个手机图标。

第2章　使用Axure页面（站点地图）

站点地图呈现树状结构，以主页为树的根节点，站点地图采用树状结构的优点是，可以让用户对自己的产品的整体模块、不同栏目和功能单元有一个清晰的认识，同时采用这种结构也便于对页面进行增加、移动、删除等操作。站点地图是进行产品原型设计的第一步，通过站点地图可以规划产品的功能模块或者栏目信息，让开发者或者接受者能清晰地了解产品的基本架构和功能模块。比如打开http://www.baidu.com百度网站，可以看到新闻、hao123、地图、视频、贴吧等功能模块，在进行百度网站原型设计时，设计师可以把这些功能模块设计在站点地图里，让读者们能快速地知道百度网站有哪些功能模块。

本章主要涉及的知识点有：

☐　站点地图功能条：学会站点地图功能条的使用。

☐　页面管理：学会对站点地图页面的相关操作，包括增加页面、删除页面、移动页面以及对页面的重新命名。

☐　生成流程图：通过站点地图生成流程图。

2.1 认识站点地图

本节首先介绍站点地图的基本概念，使读者理解站点地图的基本功能及重要性。站点地图是进行原型设计的基础，对站点地图进行页面规划，这样才能对产品设计有一个清晰的思路。

2.1.1 什么是站点地图

首先打开安装好的Axure RP 8 原型设计工具，在左侧有一块站点地图区域，图2.1所示红色线圈内的区域就是站点地图，那么究竟什么是站点地图？站点地图又能干什么呢？在使用站点地图时又应该注意哪些问题？下面带着这3个问题，走进站点地图区域。

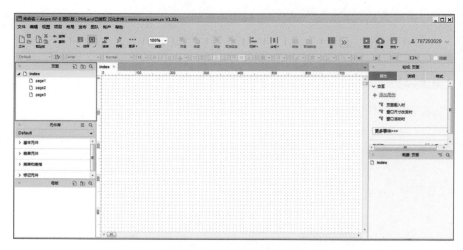

图2.1　Axure RP 8站点地图

站点地图区域由两部分组成，一部分是功能条，是对页面进行操作的按钮，另一部分是树状结构的页面，采用的结构和Windows（用官方标准大小写）目录结构一致，通过父与子的页面关系，兄弟和兄弟的页面关系，把要设计的产品页面关系整合起来，形成产品的文档关系。通过建立站点地图，形成产品文档关系，设计者对产品的功能模块、不同栏目有一个清晰的认识，清楚文件关系与位置，让开发者和接受者能清晰的理解设计者的思路。

2.1.2 站点地图的功能条

上一小节提到站点地图由两部分组成，其中一部分就是功能条，图2.2所示红色线圈区域即为功能条。

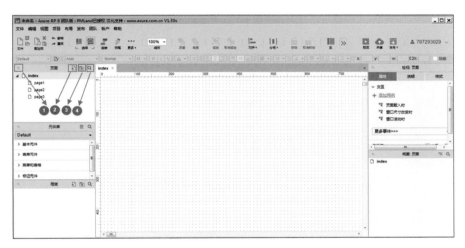

图2.2 页面（站点地图功能条）

其中，①用来弹出或弹入页面面板；②为所选择的节点页面创建一个新的同级页面；③为所选择的节点页面创建一个新的同级文件夹，文件夹可以对页面进行管理，如同Windows文件夹一样，把相关文件放置在一起；④用于搜索页面。

2.1.3 站点地图的页面管理

页面管理主要是对页面进行添加、删除、重命名、调整层级、调整顺序进行管理，添加、删除、调整层级、调整顺序页面操作可以通过功能条或者单击鼠标右键完成。重命名页面有以下3种方式。

（1）双击当前节点页面进行页面重命名。

（2）在当前页面上单击鼠标右键进行页面重命名。

（3）通过快捷键F2进行页面重命名。

除了以上这些基本操作外，还有几个比较好用的功能菜单。在当前节点页面单击鼠标右键，可以看到复制功能，它可以复制页面，还可以复制分支页面，当有一些页面或分支页面有很多类似之处，设计者又不想重新做一遍时，复制页面或复制分支页面就起很大作用。除了复制功能还有生成流程图功能，通过当前的文档结构，可以生成横向或者纵向的流程图结构。

2.2 案例："百度"UI的站点地图

人们都比较熟悉百度搜索网站，下面就一起动手做一个"百度"的站点地图的原型，这个实践是对百度搜索网站进行站点地图的设计、页面的规划，以及对页面进行基本操作，通过这个实践演示，读者应该掌握，在进行站点地图使用时，要先进行功能模块或栏目的规划，规划完成后进行功能模块页面的添加、移动或删除等相关操作。

2.2.1 "百度"产品的页面规划

在浏览器里，打开百度搜索网站http://www.baidu.com，可以看到图2.3所示的页面。

在百度搜索网站页面右上角，图2.3所示红色圈里面的就是百度搜索网站的功能模块，可以分为新闻、hao123、地图、视频、贴吧、登录、设置、更多产品8个栏目，并且它们是同级栏目，因此需要建立这8个同级栏目页面。单击设置栏目，它下面又出现搜索设置、高级搜索、关闭预测、搜索历史、意见反馈5个子栏目，如图2.4所示，因此需要在设置页面下建立5个子栏目页面。

图2.3　百度搜索网站

图2.4　百度搜索网站—单击设置栏目

2.2.2 增加页面

通过页面规划，我们已经知道需要建立哪些栏目页面和子页面，下面打开Axure RP 8 原型设计软件进行实际操作。

（1）打开原型设计软件后，首先单击左上角文件，单击"另存为"，把文件另存为"百度一下"，然后单击鼠标右键对主根进行重命名，命名为"百度一下"，如图2.5所示。

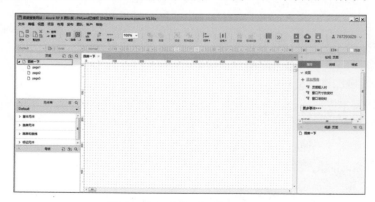
图2.5　主根重命名为"百度一下"

（2）通过页面规划，需要建立8个栏目页面，以及设置栏目下面的5个栏目页面。通过功能条进行页面添加，首先在主根"百度一下"页面下添加8个栏目页面，在页面Page1上单击功能条上"新增页面"按钮，新增页面如图2.6所示。

图2.6　添加8个栏目页面

（3）在主根下面添加完8个页面后，将这8个页面进行重新命名，栏目页面分别命名为"新闻""hao123""地图""视频""贴吧""登录""设置""更多产品"，对于重命名的3种方式都可以尝试一下，如图2.7所示。

图2.7　8个栏目页面重新命名

（4）通过同样的方式在设置栏目下面添加5个栏目子页面，并分别重新命名为"搜索设置""高级搜索""关闭预测""搜索历史""意见反馈"，如图2.8所示。

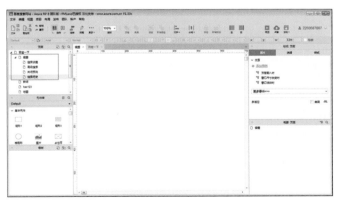

图2.8　新增设置栏目下面的5个子页面

2.2.3 移动页面

移动页面可以将页面进行升序和降序排列，以及页面层级的升级和降级操作，下面对设置栏目页面进行升序排列，排列到同层级页面的第一个位置，如图2.9所示。

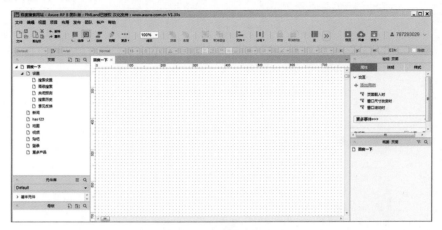

图2.9　设置栏目升序排列

设置栏目下面有高级搜索栏目，把高级搜索栏目的层级升高一位，让它与搜索栏目同层级，如图2.10所示。

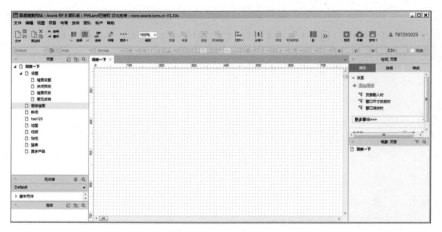

图2.10　高级搜索栏目升级

2.2.4 删除页面

在进行站点地图页面添加时，有时添加过多或者没有用处的页面，刚需要进行页面删除。Axure RP 7页面删除的方式有两种，一种是通过功能条进行删除，另一种是通过在要删除的节点页面单击鼠标右键选择删除进行删除。Axure RP 8 页面删除的方式也是两种，一种是通过在要删除的节点页面单击鼠标右键选择删除进行删除，另一种是通过快捷键DEL进行删除。下面对设置栏目进行删除操作。

在删除页面过程中，如果当前页面下面有子栏目，Axure RP 8 会给予删除提示，如图2.11所示。

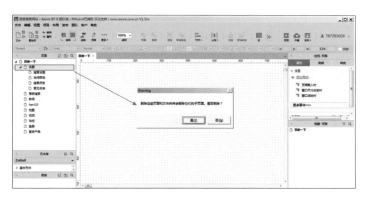

图2.11　对设置栏目进行删除操作

2.2.5　生成流程图

站点地图除了新增页面、移动页面、删除页面等页面管理外，还提供了生成流程图功能，流程图使产品的结构有一个清晰的层级关系。

（1）在主根"百度一下"页面单击鼠标右键可以看到生成流程图功能，如图2.12所示。

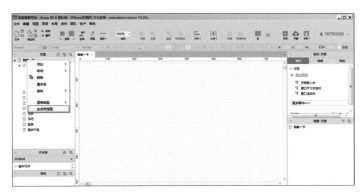

图2.12　生成流程图操作

（2）选择生成流程图功能，可以生成两种栏目结构关系，一种是向下，另一种是向右，如图2.13所示。

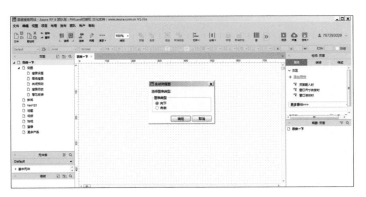

图2.13　生成流程图的两种结构

（3）通过生成的流程图，用户可以清晰地看到百度一下网站有哪些栏目以及它们的层级关系，如图2.14所示。

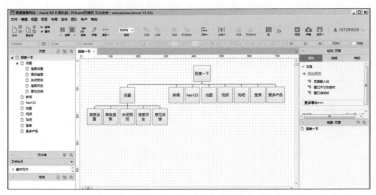

图2.14　百度搜索网站流程图

 本章习题

一、填空题

1. 站点地图区域由两部分组成，一部分是＿＿＿＿＿＿＿，是对页面进行操作的按钮，另一部分是＿＿＿＿＿ 的页面。

2. 原型设计的基础是＿＿＿＿。

二、选择题

1. 以下不属于页面（站点地图）管理的是（　　）。

A. 添加页面　　　　　　　　　　　　B. 重命名页面

C. 删除页面　　　　　　　　　　　　D. 页面载入

2. 页面重新命名有（　　）种方式。

A. 1　　　　　　　　　　　　　　　B. 2

C. 3　　　　　　　　　　　　　　　D. 4

三、上机练习

1. 制作一个天猫商城的目录页面（站点地图）。

2. 利用站点地图的功能制作一个关于电商网站的目录页面。

第3章 使用Axure中的线框图

Axure元件区域，默认包含线框图元件和流程图元件（本章介绍线框图元件），同时用户也可以自行添加新的元件。这些元件就是制作原型的零部件，就像小时候我们玩的组装积木一样，这些组件工具就类似组装积木的零部件。我们要用积木拼成什么，拼成的成品怎么样，基础前提就是要有积木部件，但最后的成品怎么样完全取决于对积木使用的熟练程度、个人的经验和智慧。制作原型也如此，用户对元件越熟悉，熟悉元件的每一个属性，使用起来就越得心应手，加上积累的经验和创意，即可制作出用户想要的原型。

本章主要涉及的知识点有：

☐ 线框图元件的种类。

☐ 线框图元件的使用：代表的含义和特点。

3.1 线框图元件的种类及使用

Axure RP 8 原型设计软件默认内置了40种线框图元件，如图3.1所示，这些元件分为基本元件、表单元件、菜单和表格元件以及标记元件4类。基本元件里有矩形、椭圆形、图片、占位符、自定义形状、按钮、一级标题、二级标题、文本标签、文本段落、水平线、垂直线、热区、动态面板、内联框架、中继器。表单元件有文本框（单行）元件、多行文本框（多行）元件、下拉列表框元件、列表框元件、复选框元件、单选按钮元件、提交按钮元件。菜单和表格元件有树状菜单元件、表格元件、水平菜单元件、垂直菜单元件。标记元件有页面快照、水平箭头、垂直箭头、便签1、便签2、便签3、便签4、图形标记、水滴标记等。下面会详细介绍这些元件的使用，元件的使用方式是拖曳到工作区域进行相关编辑。

图3.1 线框图元件

3.2 图片元件

图片元件，即图片占位功能元件，在设计低保真原型时，可以用图片在页面设计上占位，将图片拖入到页面中，页面中的图片区域是图片的位置。也可以将图片组件替换成真实的图片。下面演示图片组件使用方法。

（1）拖曳图片元件到工作区域，如图3.2所示。

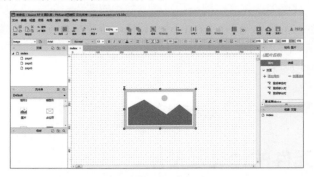

图3.2 拖曳图片到工作区域

（2）双击图片，可以替换为想要插入的图片，选择要插入的图片，会弹出"您想要自动调整图片元件大小？"的提示框。

（3）在提示框中选择是，可以自动调整图片的大小（和原图一样大）如图3.3所示；选择否，图片的大小和当前的图片元件一样大，如图3.4所示。

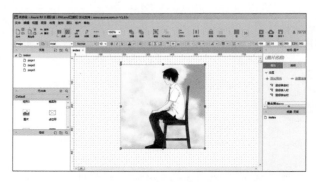

图3.3 选择是的结果

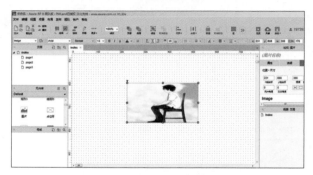

图3.4 选择否的结果

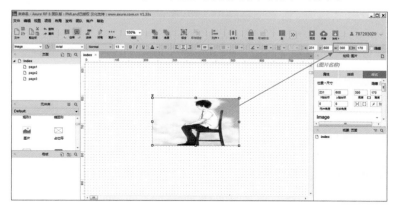

（4）再一次拖曳一个图片元件到工作区域，替换一个大图片，如果图片过大，系统会弹出提示"是否进行优化"，选择是会对图片进行优化，对图片自动进行处理，否则原图显示。

（5）调整图片的尺寸有两种方式：一种是在图片上单击鼠标左键，会出现边框，可以上下左右拖曳；另一种方式是在工具栏的w和h框里设置图片的大小，如图3.5所示。

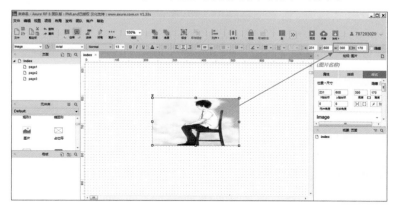

图3.5　设置图片大小

（6）支持分割图像功能。单击图片，右击选择分割图像，可以对选中的图片进行分割操作，可以有十字切割、横向切割、纵向切割3种切法，如图3.6所示。

图3.6　切割图片

3.3 一级标题和二级标题元件

一级标题和二级标题元件用来设置一级标题和二级标题。拖曳一级标题元件和二级标题元件到工作区域，双击工作区的标题元件，可以对标题进行重新命名，同时也可以使用工具栏的字体设置按钮对标题进行相关编辑，如图3.7所示。

图3.7　对两个元件进行重新命名

3.4 文本标签和文本段落元件

　　文本标签元件是单行文本，而文本段落元件式多行长文本。用户可以根据使用场景选择使用这两个元件，如果只有一行文本选择文本标签元件，如果有多行文本就选择文本段落元件。

　　拖曳文本标签元件和文本段落元件到工作区域，可以进行文本编辑，如图3.8所示。

图3.8　文本标签和文本段落组件的使用

3.5 矩形和占位符元件

　　矩形元件和占位符元件可以用来做很多工作，但在本质上这两种元件没有太大的区别，用户可以用这两种元件做一个横向或纵向的菜单，或者可以做一个蓝色背景图等。这两种元件的区别在于占位符元件更强调占位作用，在制作原型时，想表达页面区域某个位置放什么，可以在此位置放一个占位符，这样其他人在制作产品的时候就能看明白占位符所表达的意思。下面以矩形的使用为例，占位符操作基本和矩形一致。

　　（1）矩形元件制作背景图。从左侧拖曳一个矩形元件到工作区域，填充蓝色背景，如图3.9所示。

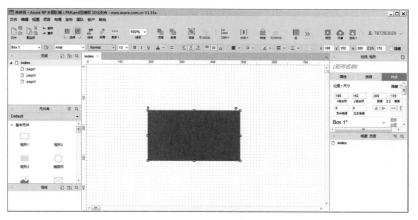

图3.9　制作背景图

（2）利用矩形制作各种形状。选中工作区的矩形元件，单击右上角的小圆圈，会弹出用矩形可以制作的各种形状，如图3.10所示。

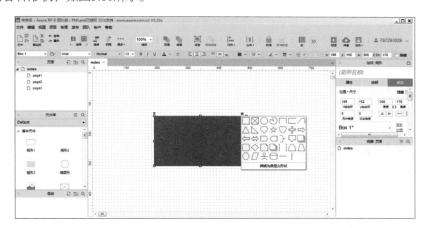

图3.10　矩形制作的各种形状

（3）利用矩形元件制作表格。拖曳4个矩形元件到工作区域，拼成一个表格，如图3.11所示。

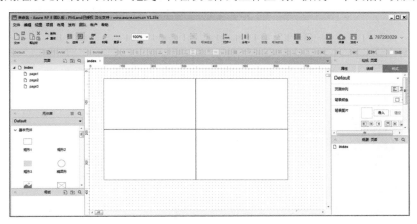

图3.11　矩形元件制作表格

（4）利用矩形元件制作导航菜单。拖曳4个矩形元件到工作区域，呈一字型放置，双击分别命名为"菜单一""菜单二""菜单三""菜单四"。利用组合键Ctrl+A，全选4个矩形组件，通过工具栏按钮设置矩形的高度为40，宽度为100，如图3.12所示。

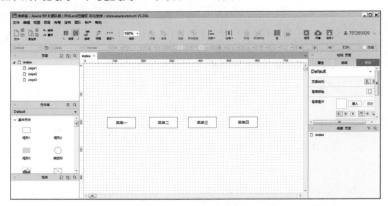

图3.12　矩形元件制作导航菜单

注意：由于矩形元件和占位符元件的功能差不多，占位符的功能使用可以按照矩形元件操作练习。

3.6　自定义形状元件

自定义形状元件类似矩形元件，可以做出各种形状的按钮、菜单或者页签等，如图3.13所示。利用自定义形状元件和矩形元件制作表格的标签。

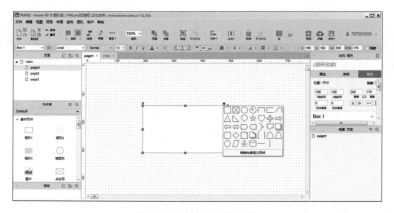

图3.13　自定义形状元件

（1）拖曳一个矩形元件到工作区域，单击矩形右上方的小圆圈，选中图3.14所示红框中的元件，单击鼠标左键选择这个元件。利用组合键Ctrl+D，复制4个同样的组件，呈一字型排开，每两个元件之间要重合一部分，如图3.15所示。

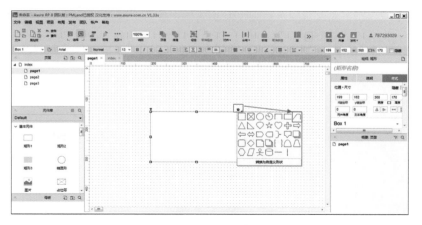

图3.14　选择自定义形状

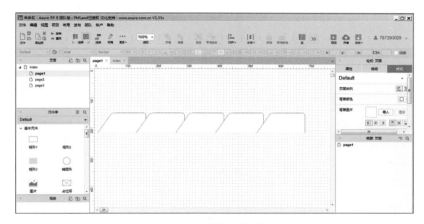

图3.15　制作5个标签

（2）图3.15所示的制作页签不是我们想要的，两个元件重合的地方，应该将后一个元件重合的地方置于底层，这时可以使用工具栏上的"顶层""底层"按钮进行编辑，如图3.16所示。

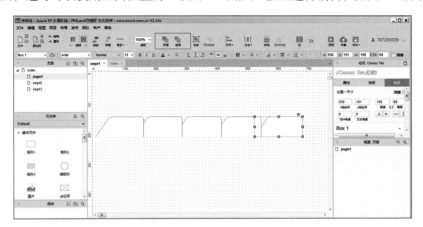

图3.16　编辑5个标签

（3）对5个标签进行命名。双击自定义形状元件，分别命名为"标签一""标签二""标签三""标签四""标签五"。并拖曳一个矩形元件放置在标签下面，调整矩形的大小，使其匹配于标签，如果再加点交互效果，就可以看出标签的作用了，只不过这个交互效果现在不予添加。最终效果如图3.17所示。

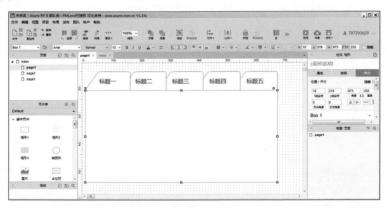

图3.17　重新命名5个标签

3.7　水平线和垂直线元件

水平线和垂直线是很灵活的两个元件，用它们可以设置一条水平线或者垂直线，也可以分割一块区域。并且可以利用工具栏按钮编辑这两个元件，编辑水平线和垂直线的颜色、线框、线条样式和箭头方向，如图3.18所示。

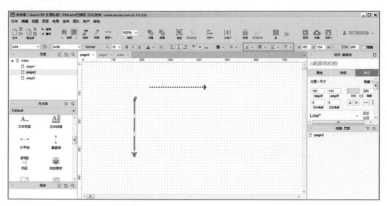

图3.18　编辑水平线和垂直线

3.8　图像热区元件

在购物网站上，经常可以看到组合装或套装，如图3.19所示。如果买家就想知道裤子的或衣服的信息，但它却是一体图片，单击图片触发的效果并不是我们想要的，该怎么办？这时候图像热区可以解决问题，即分别在衣服和裤子上加图像热区，也就是增加两个锚点，锚点链接到不同页面就可以让买家看到不同信息。

（1）拖曳一个图片元件到工作区域，双击，替换成图3.19所示的图片，如图3.20所示。

图3.19　衣服裤子组合装

图3.20　引入图片到工作区域

（2）拖曳两个图像热区元件分别放在衣服和裤子上，可以调整图像热区的大小，作为事件的触发锚点，如图3.21所示。

图3.21　给图片加入图像热区

（3）单击衣服上的图像热区，然后单击右侧的"鼠标单击时"按钮，弹出一个交互设置的页面。首先选择"打开链接"，在右侧选择第二个单选按钮，并设置一个百度网站http://www.baidu.com的链接，当单击图像热区时会跳到链接的页面。裤子上的热区也是同样的操作，它的链接可以设置为京东网站http://www.jd.com，如图3.22所示。

图3.22　图像热区加交互事件

（4）使用快捷键F8发布这个原型，在浏览器上单击衣服和裤子会跳到不同网站，获取不同的信息。

注意：图像热区的优点是可以随意地在页面上加图像热区，这样交互动作更加丰富，更加灵活。

3.9　动态面板元件

　　动态面板元件就是让制作的原型动态交互起来的一个元件，实现系统的高级交互效果。它还能实现多种动态效果，即包含多个状态（states），每个状态可以理解为一系列元件的容器。任何时候一个动态面板只能显示一种状态，就像老师桌子上的一摞作业本，只能看到最上面的作业本是谁的，是什么样的作业本，但是可以通过"拿"这个操作，将最下面的作业本放在最上面，这时看到的是另外一个人的作业本。动态面板元件也是同样原理，通过某种操作，将某个状态置于最顶层，就会显示其状态页面。

　　动态面板元件是功能最强大的元件，是一个神奇的元件，这在Axure RP 7版本之前绝对毫无疑问。但是在Axure RP 8版本之后，动态面板很多神奇的功能也被赋予其他元件，其他元件同样可以实现动态效果，在今后制作原型的过程中，读者会深有体会。动态面板元件的使用是必须掌握的，只有掌握动态面板元件的使用，才能制作出高仿真的交互效果。

　　动态面板组件看起来是一个很神奇的元件，但是它到底可以做什么，平时常用来做什么呢？下面详细介绍动态面板元件的使用场景。

3.9.1 tab式页签的切换效果

（1）拖曳4个矩形元件到工作区域，呈一字型排列，并重新命名为"页面一""页面二""页面三""页面四"，矩形的宽度设置为130，高度设置50，如图3.23所示。

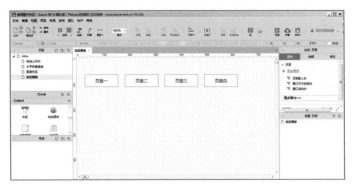

图3.23　拖曳4个矩形元件

（2）拖曳一个动态面板到矩形元件下面，调整动态面板元件的大小，宽度设置为580，高度设置为200，如图3.24所示。

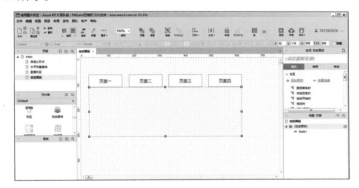

图3.24　拖曳动态面板元件

（3）双击动态面板元件，弹出"面板状态管理"对话框，将动态面板元件的名称设置为"页面效果演示"。下面介绍一下与动态面板状态有关的一些操作按钮。

![加号图标]：新增一个动态面板的状态，默认给予State1状态，单击这个按钮，可以再新增3个动态面板的状态。

![复制图标]：复制动态面板的状态。有时两个状态里的页面不是相差很大，用户不想再重新做一遍差不多的页面状态，这时就可以使用这个按钮，先选中要复制的状态，再单击这个按钮进行复制状态。

![上移图标]：动态面板状态的上移操作。

![下移图标]：动态面板状态的下移操作。

![编辑图标]：编辑当前选中状态操作，选中要编辑的状态，单击这个按钮会进入到编辑页面，在编辑页面用户可以拖曳元件或者制作页面效果。

![编辑所有图标]：编辑所有状态的操作，单击这个按钮，用户可以打开所有要编辑的状态页面。

![删除图标]：删除状态操作，单击这个按钮，用户可以删除选中的状态。

（4）双击动态面板，进入状态编辑界面，对状态进行重新命名，在状态的名字上鼠标双击或者单击鼠标右键，分别重新命名为"页面一效果""页面二效果""页面三效果""页面四效果"，如图3.25所示。

添加动态面板组件的各个状态后，会发现动态面板以及新增的状态会在元件管理区域显示，如图3.26所示。用户在元件管理区域可以对动态面板以及其他元件进行管理。下面对管理动态面板元件进行相关管理操作。

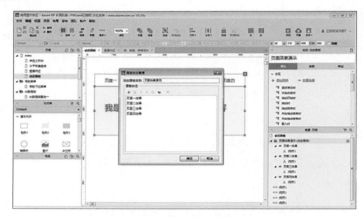

图3.25　动态面板组件状态重新命名

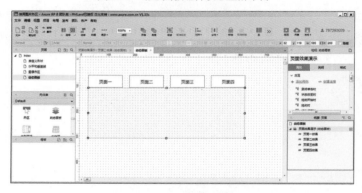

图3.26　元件管理区域

（5）给动态面板的状态命名，如图3.25所示；给状态里面的组件命名，如图3.27～3.30所示。

图3.27　页签一显示内容

注意：要养成对元件进行命名并且用英文或拼音进行命名的习惯，如果用中文进行命名，会在发布时有所影响。

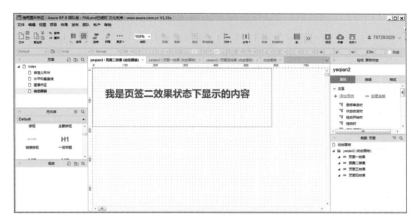

图3.28　页签二显示内容

图3.29　页签三显示内容

图3.30　页签四显示内容

注意：动态面板元件的默认显示内容是第一个状态下的内容，如果想第一个显示其他状态下的内容，可以把其他元件调至为第一个状态。

（6）对矩形元件制作的页面按钮添加交互事件，单击页面一按钮显示页面一效果状态的内容。选中页面一按钮，在元件属性区域单击"鼠标单击时"触发的事件，弹出"用例编辑器"对话框。在"添加动作"下面选择"设置面板状态"，在"配置动作"下面勾选"Set页面效果演示（动态面板）"复选框，在"选择状态"下拉菜单中选择"页面一效果"状态，单击"确定"按钮，这样页面一的交互事件添加完成。用同样的方式添加其他3个页面的交互操作，如图3.31和图3.32所示。

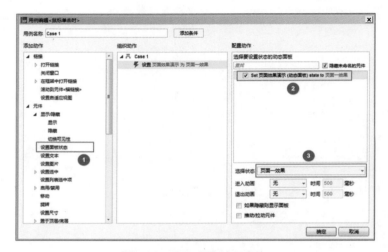

图3.31 页面一添加交互事件

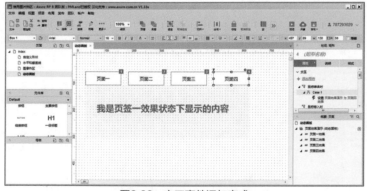

图3.32 交互事件添加完成

（7）按快捷键F8发布原型，单击各个页面按钮实现内容的切换，如图3.33所示。

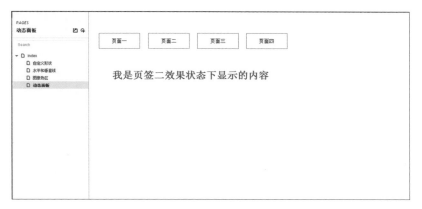

图3.33　原型发布结果

3.9.2 利用动态面板制作导航下拉菜单效果

在原型设计过程中，经常会碰到需要制作导航的下拉菜单效果，利用动态面板可以完美地制作导航下拉菜单效果。

（1）拖曳一个矩形到工作区域，重新命名为"导航一"，并在元件交互和注释区域将元件命名为"daohang1"。拖到一个动态面板元件到工作区域，将其放置在矩形元件的下面，并调整宽度，使其与矩形元件宽度一致；在元件交互和注释区域将元件命名为"dynamicForOne"，如图3.34所示。

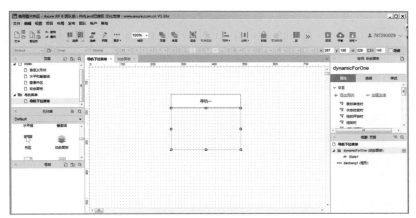

图3.34　添加矩形和动态面板元件

（2）把动态面板元件的状态重新命名为"二级菜单"，打开状态进行编辑。图3.35所示的红色线圈区域是纵向菜单元件，拖曳纵向菜单元件到二级菜单页面里，调整菜单的宽度和高度，使其和动态面板大小一致。

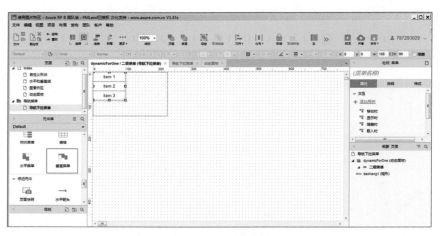

图3.35　编辑二级菜单

（3）二级菜单最初是不显示在页面上的，需要隐藏起来，当单击导航菜单后，二级菜单才会出现。因此需要选中动态面板，单击工具栏上"隐藏"复选框，如图3.36所示。

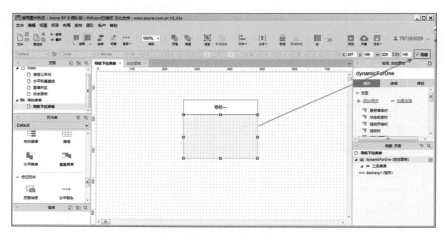

图3.36　隐藏动态面板元件

（4）给导航一添加交互操作，当单击"导航一"时，二级菜单从上面滑出。选中"导航一"元件，单击元件属性区域的"鼠标单击时"触发事件，弹出"用例编辑器"对话框，在"添加动作"下面单击"显示/隐藏"操作。"配置动作"下面首先勾选"dynamicForOne（动态面板）"复选框，然后在"动画"下拉菜单选择"向下滑动"菜单，单击"确定"按钮，如图3.37所示。

图3.37　显示动态面板元件

（5）按快捷键F8发布制作的原型，在浏览器里单击"导航一"菜单，会发现二级菜单从上面滑出来，如图3.38所示。

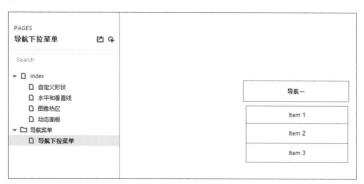

图3.38 下拉菜单发布效果

注意：在给元件添加交互动作时，要按步骤逐步完成，不用管交互动作具体细节，这些细节会在第7章中详细介绍。

动态面板元件除了应用tab页签的切换效果和制作导航的二级菜单外，用户还可以利用它制作弹出对话框提示相关信息，例如应用验证表单填写的提示，可以提示出表单填错的信息，模拟最真实的交互效果，提高客户的体验度。

3.10 内联框架元件

在html网页代码中有iframe标签，iframe元素会创建包含另外一个文档的内联框架，实现不同条件下嵌入不同的文档效果。在AxureRP 8中，利用内部框架元件完全可以达到iframe标签的框架效果。

（1）拖曳两个元件到工作区域，宽度设置为140，高度设置为40，分别将两个组件命名为"百度""京东"。拖曳一个内联框架放置在矩形区域的下方，宽度设置为610，高度设置为220，如图3.39所示。

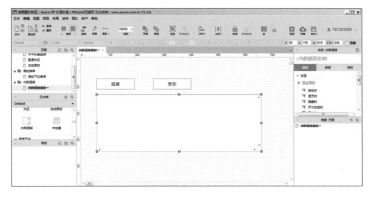

图3.39 引入内联框架

（2）给"百度"按钮添加交互事件，在元件属性区域单击"鼠标单击时"触发事件，弹出"用例编辑器"对话框，在"添加动作"下面单击"在框架中打开链接"操作，在"配置动作"下面勾选"anlil（内部框架）"复选框。在"打开位置"下面还有两个单选按钮，用于在内部框架打开一个页面或者打开一个网站，在这里选择第二个单选按钮，输入百度的网址http://www.baidu.com，如图3.40所示。当单击百度按钮时，在内联框架中显示百度内容。

（3）用同样的方式，给"京东"按钮添加交互操作，当单击"京东"按钮时，在内联框架中打开京东网站，如图3.41所示。

图3.40　给"百度"按钮添加交互动作　　　　图3.41　给"京东"按钮添加交互动作

（4）按快捷键F8发布制作的原型页面上只有两个按钮。当单击"百度"按钮时，会显示百度的内容，如图3.42所示；当单击"京东"按钮时会显示京东的内容，如图3.43所示。

图3.42　单击"百度"按钮显示效果　　　　图3.43　单击"京东"按钮显示效果

（5）设置默认显示页面，在工作区双击内部框架，如图3.44所示，弹出"链接属性"对话框，在这里同样可以添加页面或者链接地址。在"链接属性"对话框中选择第二个单选按钮，设置默认显示百度的内容，输入网址http://www.baidu.com，如图3.44所示。

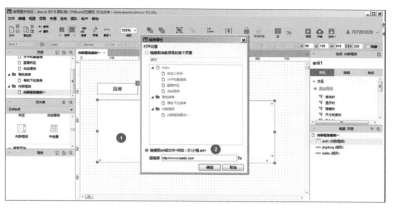

图3.44 设置默认显示页面

（6）对内部框架元件的边框进行设置，在内联框架上单击鼠标右键，选择"切换边框可见性"，用户根据自己需求选择是否给内联框架设置边框，现在选择给内联框架设置一个边框。按快捷键F8发布，会发现发布结果的页面出现了边框，如图3.45所示。

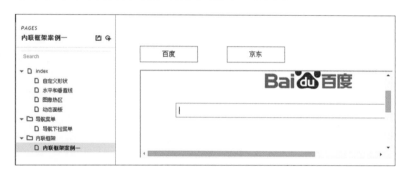

图3.45 设置内联框架边框

（7）对内联框架元件的滚动条进行设置，隐藏滚动条，页面显示区域只能显示出内部框架大小的内容；如果不隐藏滚动条，嵌套的整个页面都会出现在内部框架元件里，并且可以拖曳滚动条。在内部框架上单击鼠标右键，选择"滚动栏"命令，系统会弹出一个新的命令框，这里包含3个命令，用户按照自己需求选取滚动条的设置，这里选择"从不显示滚动条"，如图3.46所示。

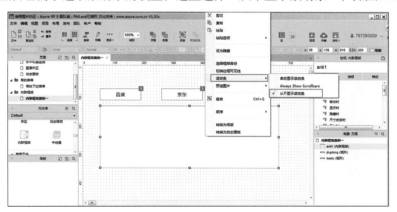

图3.46 设置滚动条

（8）按快捷键F8发布制作的原型，会发现内部框架没有出现滚动条，显示区域也只能看到内部框架大小的区域，如图3.47所示。

图3.47　原型发布结果

3.11　中继器元件

中继器元件是用来动态的存储数据的元件，可以在原型上实现数据的增加、删除、修改、查询操作，进一步增强交互效果。下面通过演示注册功能，把注册信息存储起来，逐步了解中继器的神奇效果。

（1）制作一个表单注册页面。首先拖曳一个矩形元件，作为表单的背景，并设置为灰色（#CCCCCC）；然后拖曳两个标签元件，分别命名为"用户名"和"密码"；接着拖曳两个文本框（单行）分别作为用户名的输入框和密码的输入框。最后拖曳一个HTML元件作为提交表单按钮，如图3.48所示。

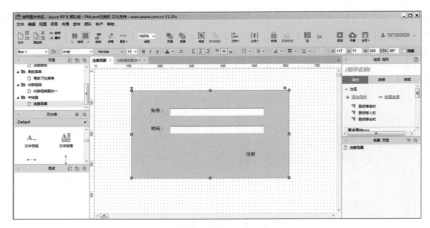

图3.48　制作注册页面

（2）拖曳两个矩形元件，作为数据表格的标题行，分别命名为"用户名"和"密码"，并把矩形元件的背景色设置为灰色（#CCCCCC），如图3.49所示。

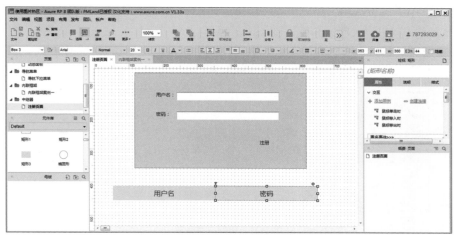

图3.49 制作表格的标题行

（3）拖曳一个中继器组件到界面中，双击中继器组件，进入中继器界面，在界面内会看到一个长方形，这个长方形可以直接删除，用户可以制作自己想要的页面。删除长方形，拖曳两个矩形组件，宽度设置为200，高度设置为40，作为表格里的行，制作完表格的行后返回到上一个页面，如图3.50所示。

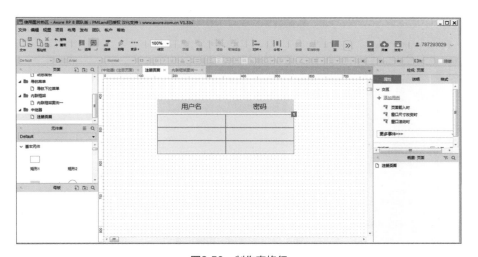

图3.50 制作表格行

（4）在中继器里添加3条数据记录，双击中继器，进入中继器界面，界面中包括3个方面操作，即中继器数据集、中继器项目交互、中继器样式。其中中继器数据集区域是对数据进行操作的区域，图3.51所示的两个红色线框区域，第一个线框是用来操作数据记录的，可以新增行、新增列以及删除列等操作，第二个红色线框是用来添加数据的，双击该区域可以对数据的标题头进行重新命名，以及新增数据。中继器项目交互是实现交互效果；而中继器样式是调整数据放置的样式，包括横向和纵向。

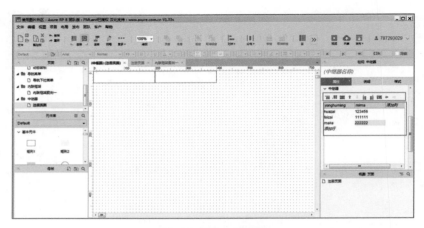

图3.51　增加三条数据

（5）将中继器数据集的数据绑定到中继器上，把数据记录显示出来。单击"中继器交互项目切换"按钮，双击每项加载时下面的"Case 1"，弹出"用例编辑器"对话框。在"添加活动"下面单击"设置文本"，在"配置动作"下面勾选中继器的"name"复选框，如图3.52所示。

图3.52　设置绑定数据用例

（6）单击"fx"按钮，弹出"编辑文本"对话框，单击"插入变量或函数"，在弹出的命令框中选择"Item.yonghuming"，如图3.53所示，这样就可以把用户名列数据项绑定到用户名矩形元件中。绑定完用户名列后，勾选"pwt"复选框，之后用同样的方式把密码列数据项绑定到密码矩形元件中，如图3.54所示，就这样把数据集中的数据绑定到表格里。

图3.53　绑定用户名

图3.54　绑定后用户名和密码

（7）通过给注册按钮绑定增加行操作，向数据集中动态添加一条数据。在注册按钮上添加"鼠标单击时"触发事件，在"添加动作"下面选择"添加行"，在"配置动作"下面勾选"中继器"复选框，再单击"添加行"按钮，如图3.55所示。

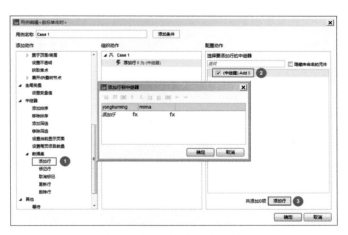

图3.55　注册按钮增加交互事件

（8）单击"添加行到中继器"对话框内yonghuming的"fx"按钮，新增局部变量，选择"name"文本框，新增完局部变量后，插入变量，选择插入"局部变量"。用同样的方式处理mima的"fx"按钮，如图3.56所示。

图3.56　绑定用户名文本框和密码文本框

（9）按快捷键F8发布制作的原型，在用户名文本框里输入"jack"，在密码文本框里输入"123456"，单击"注册"按钮，就会把数据增加到表格里面，如图3.57所示。

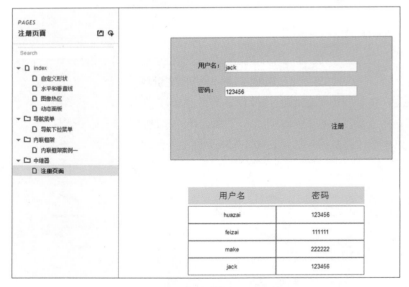

图3.57　添加新注册的用户名和密码

通过上面的演示会发现中继器解决了对数据的动态维护，可以增加数据记录，解决以前不能对表格维护的问题。中继器不仅能增加数据，同时可以删除数据、修改数据、查询数据等，完全模拟了对数据库的操作，交互效果更真实、体验度更好。

3.12 文本框元件

文本框元件是我们经常用到的元件，分为单行文本框和多行文本框，在制作表单时经常会使用它们作为输入框。下面通过制作留言本的例子演示文本框组件的使用。

（1）拖曳一个矩形元件到工作区域，设置宽度为420，高度为310，并填充灰色（#CCCCCC），作为留言板的背景，如图3.58所示。

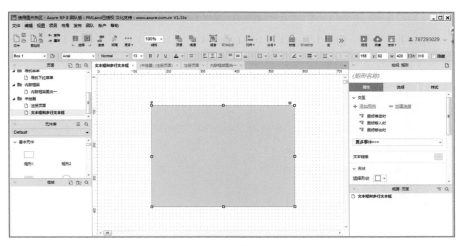

图3.58　留言板背景

（2）拖曳标题1到工作区域，并重新命名为"留言板"，设置字体为"隶书"，如图3.59所示。

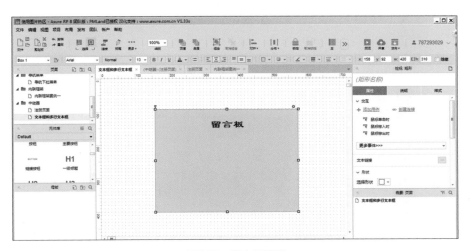

图3.59　留言板标题

（3）拖曳两个标签元件到工作区域，分别重新命名为"姓名"和"留言内容"，字号设置为16。拖曳一个文本框元件和多行文本框元件到工作区域，按图3.60所示位置摆放。

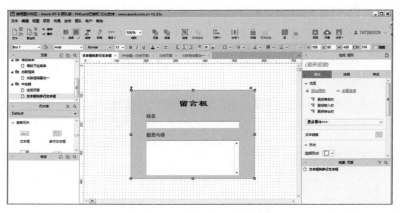

图3.60　留言板姓名和留言内容

（4）制作留言板提交按钮，拖曳一个矩形元件到工作区域，宽度设置为130，高度设置为40，并填充背景色（#009966），并在矩形元件上填写文本为"我写好了"，设置字体为16号、白色，如图3.61所示。

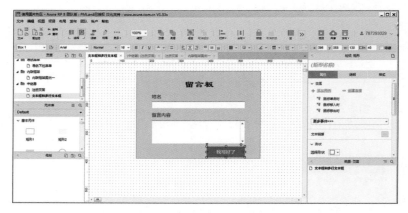

图3.61　留言板提交按钮

（5）按快捷键F8发布留言板原型，在单行文本框里可以输入姓名，在多行文本框里可以输入留言内容。如果为提交按钮加上交互事件，则会拥有更真实的体验，如图3.62所示。

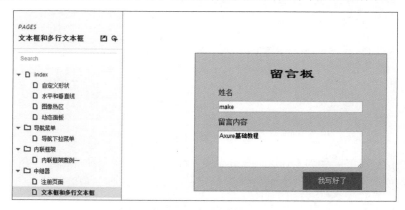

图3.62　发布留言板原型

3.13 下拉列表框和列表选择框元件

下拉列表框每次在页面上只显示一个下拉菜单，也只允许用户选中一个下拉菜单；而列表选择框在页面上可以显示所有的下拉菜单，并且可以允许用户选中多个下拉菜单。

（1）制作下拉列表框，拖曳一个下拉列表框元件到工作区域，双击下拉列表框弹出"编辑选项"对话框。对话框中各选项含义如下。

＋：新增一个下拉列表。

↑：调升某个下拉列表的位置。

↓：降低某个下拉列表的位置。

×：删除选中的下拉列表。

×：删除所有选中的下拉列表。

新增多个：同时新增多个下拉列表，每行算一个下拉列表。

单击"新增多个"按钮，每行分别输入中国、美国、俄罗斯，单击"确定"按钮，会看到新增的列表项，勾选要显示的下拉列表选择（如果不勾选会默认选择第一个下拉列表显示在页面上），如图3.63所示。

图3.63　新增下拉选项

（2）制作列表选择框，拖曳一个列表选择框元件到工作区域，双击列表选择框同样可以弹出"编辑选项"对话框。操作步骤和功能与下拉列表框一样，唯一的区别是，制作列表选择框时，用户可以同时勾选多个下拉列表，将其显示在页面上。

单击"新增多个"按钮，每行分别输入中国、美国、俄罗斯，单击确定按钮，会看到新增的列表项，勾选所有下拉列表将其显示在页面上。会看到下拉列表框和列表选择框在页面上显示的方式有所不一样，如图3.64所示。

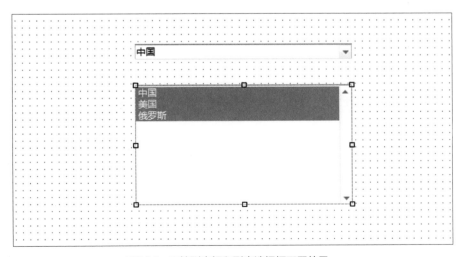

图3.64　下拉列表框和列表选择框不同效果

3.14 复选框、单选按钮和HTML按钮元件

复选框、单选按钮和HTML按钮，是常用到的元件，也是我们比较熟悉的元件。下面通过制作图3.65所示的简易的兴趣爱好调查表来演示元件的使用。

图3.65　制作兴趣爱好调查表

（1）拖曳一个矩形元件到工作区域，制作调查表的背景。拖曳标题1到工作区，并将其重新命名为"兴趣爱好调查表"，按图3.65摆放。

（2）拖曳3个标签元件到工作区，并重新命名为"姓名""性别""兴趣爱好"。拖曳文本框（单行）元件到工作区，将其作为姓名的输入框，按图3.65摆放。

（3）拖曳两个单选按钮元件到工作区，并重新命名为"男""女"，按图3.65摆放。

（4）拖曳6个复选框元件到工作区，并重新命名为"篮球""足球""乒乓球""跑步""看书""看电影"，按图3.65摆放。

（5）拖曳HTML按钮元件到工作区，并重新命名为"提交"，将其作为提交"按钮"，按图3.65所示。

（6）按快捷键F8发布兴趣爱好调查表的原型，单击"男""女"单选按钮，会发现两个按钮都被选中，如图3.66所示。

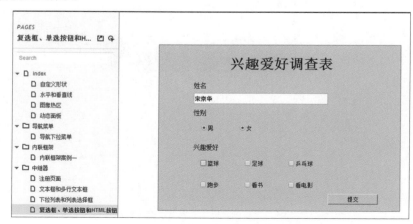

图3.66　发布兴趣爱好调查表

（7）把"男""女"单选按钮设置为单选按钮组，按住Ctrl键，同时选中"男""女"单选按钮元件，右击选择"指定单选按钮组"命令，输入性别组作为组名称，把"男""女"单选按钮设置为单选按钮组，重新发布，此时单选按钮只能选中一个，如图3.67所示。

图3.67　设置性别组

3.15　树、表格、菜单元件

树、表格、菜单元件是常用到的元件，树经常用在表达部门结构，表格常用在详情列表，菜单则分为横向菜单和纵向菜单。这些元件能让用户快速表达出他们想制作的原型，如图3.68所示。

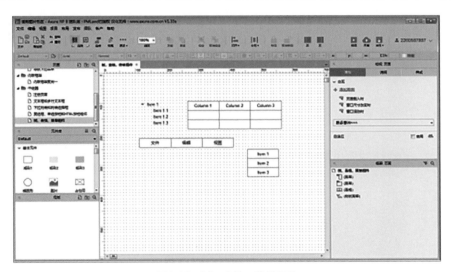

图3.68　树、表格、菜单元件

🏃 **本章习题**

一、填空题

1. 线框图元件分为4类，它们分别是_____、_____、_____和_____。
2. 中继器元件的功能特点是_____。

二、选择题

1. Axure RP 8 原型设计软件默认内置了（　　）种线框图元件。

A. 38   B. 39

C. 40   D. 41

2. 动态面板可以增加（　　）种状态。

A. 5   B. 无上限

C. 6   D. 7

三、上机练习

1. 使用动态面板制作图片无限循环效果。
2. 使用内联框架加载网络视频。

第4章 使用Axure中的流程图

在Axure中使用流程图可以对各种过程进行交流，包括用例、页面流程和业务流程。在制作原型时先要绘制流程图来表示不同页面间的交互与层级关系。制作好的流程图，可以让客户或沟通的对象很容易理解所要表达的意思。

本章主要涉及的知识点有：

☐ 流程图元件的种类。

☐ 流程图元件的使用：组件介绍和绘制流程图。

☐ 如何生成流程图。

☐ 装载Axure元件：包括下载Axure元件和自定义组件。

4.1 流程图元件的种类及使用

流程图的作用是用来表达各式各样的流程，辅助说明设计页面所需要达到的功能或者过程，理清用户的操作步骤。Axure RP 8 原型设计软件默认内置了19种流程图元件，如图4.1所示。红色线框标示的为常用的8种流程图元件，把常用元件分为两类，一类是图形、图片元件，另一类是文件、角色、数据元件。常用的图形、图片元件有矩形、圆角矩形、菱形、平行四边形。流程图中不同的图形代表着特殊的意义，如果默认内置的图形不够用，可以用图片元件来代替。

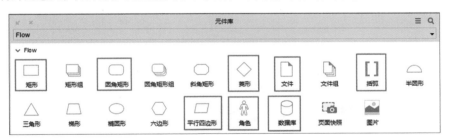

图4.1 流程图元件

流程图元件代表不同元件自己的特点和意义，在使用流程图元件绘制流程图之前，用户有必要了解常用的8种流程图元件所代表的意思，这样才能画出更完美、更规范的流程图。

（1）矩形元件：代表要执行的处理动作，用作执行框。

（2）圆角矩形元件：代表流程的开始或者结束，用作起始框或者结束框。

（3）菱形元件：代表决策或者判断，用作判断框。

（4）文件元件：代表一个文件，用作以文件方式输入或者以文件方式输出。

（5）括弧元件：说明一个流程的操作或者特殊行为。

（6）平行四边形元件：代表数据的操作，用作数据的输入或者输出操作。

（7）角色元件：代表流程的执行角色，角色可以是人也可以是系统。

（8）数据库元件：代表系统的数据库。

4.2 创建流程图

4.2.1 流程图形状

在Axure RP 8中，默认元件库与流程图元件库一样，在每个形状元件的四周都有一个小点，用来匹配连接线。用户要查看流程图形状，可以在元件库的下拉列表中选择"Flow"，操作方法与默认元件库一样，即将流程图元件拖放到设计区域，如图4.2所示。

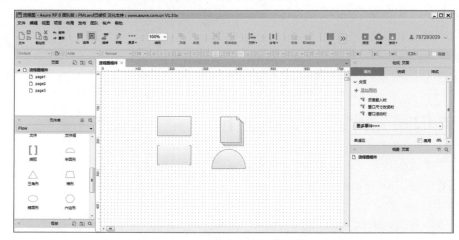

图4.2　将流程图元件拖放到设计区域

4.2.2 连接模式

在绘制流程图时，对不同的流程图形状添加连接线之前，必须将选择模式切换到连接模式。在工具栏中单击"连接"图标 ■ 或者按组合键Ctrl+3，如图4.3所示。

图4.3　切换到连接模式

4.2.3 标记页面为流程图

页面流程图是使用站点地图中的页面进行管理的。虽然在设计原型过程中，标记页面为流程图不是必要的操作，但其最主要的功能就是将含有流程图的页面与其他页面区分开。将页面标记为流程图的方法为：右击该页面，选择"图表类型>流程图"命令，如图4.4所示；该页的小图标就变为流程图的样式，如图4.5所示。

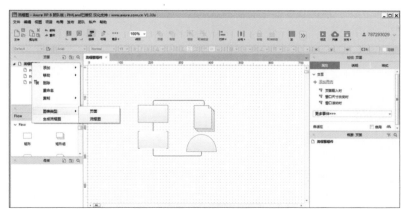

图4.4 页面标记为流程图

图4.5 流程图小图标

4.2.4 连接线

在制作流程图时，需要将不同的形状连接起来，首先将选择模式改为连接模式，然后用鼠标指向形状元件上的一个连接点，并单击拖曳，当连接到另一个形状的连接点后，松开鼠标。若要改变连接线的箭头形状，则需选中连接线，并在工具栏中选择箭头形状，如图4.6所示。用户也可以修改连接线的线宽和颜色。

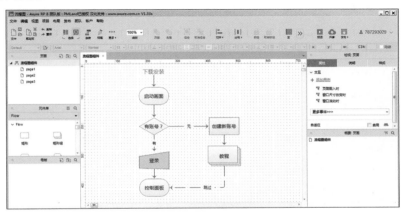

图4.6 绘制流程图

注意：在绘制流程图时，经常要给连接线添加提示文字，如果拖放一个标签元件到连接线上，会导致连接线变形，正确的方法是双击连接线后再输入文字。

4.2.5 添加参照页

给流程图添加参照页（引用页面），可以通过在Axure RP 8中单击流程图形状来跳转到站点地图中的指定页面。如果改变站点地图中页面的名字，那么流程图形状上的文本也会相应改变，这对设计流程图页面来说非常有用。单击流程形状会自动跳转到指定的参照页，无需添加任何交互事件。

在弹出的关联菜单中要给流程图形状指定参照页，需要右击该形状，选择"引用页面"，或者在元件属性面板中单击"引用页面"，如图4.7所示；然后在弹出的"引用页面"对话框中选择对应的页面，单击"确定"按钮。还可以直接在站点地图中拖放一个页面到设计区域，创建一个流程图元件的引用页面。

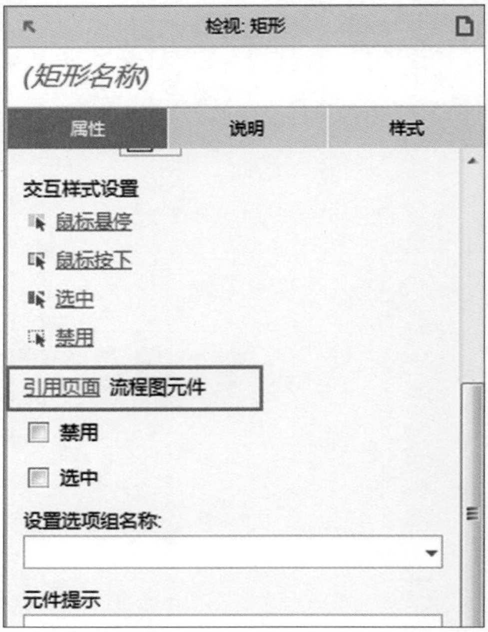

图4.7 设置参照页

4.2.6 生成流程图

要生成和站点地图层级关系一样的流程图，就要先打开想要生成流程图的页面（如将流程图放在流程图元件页面，就要先双击该页面），然后单击鼠标右键，选择【生成流程图】选项，如图4.8所示。在弹出的对话框中，可以选择"向下"或"向右"两种图表类型，如图4.9所示，这样会自动创建一个和页面相同分支的流程图，如图4.10所示。

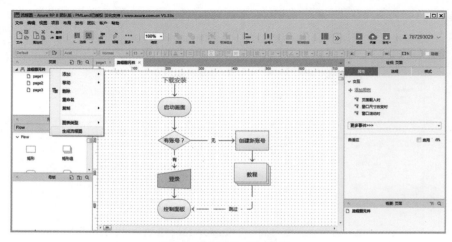

图4.8 选择"生成流程图"

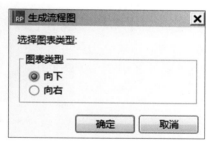

图4.9 选择图表类型

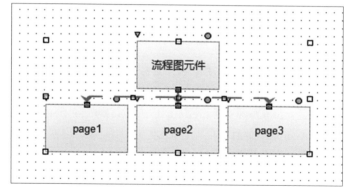

图4.10 生成流程图

 **本章习题**

一、填空题

1. 在制作原型时一般都用流程图来表示_____关系。

2. 平行四边形元件代表_____操作。

二、选择题

1. Axure RP 8 原型设计软件默认内置了（ ）种流程图元件。

A. 18   B. 19

C. 20   D. 21

2. 在绘制流程图时，对不同的流程图形状添加连接线之前，必须将选择模式切换为（ ）模式。

A. 连接   B. 流程图

C. 自定义形状   D. 矩形

三、上机练习

1. 使用流程图功能生成类似登录界面的简易流程图。

2. 根据工作需要制作一个流程图。

第5章 自定义Axure RP 8中的元件

Axure RP 8 中的元件管理区域除了提供线框图元件和流程图元件，还允许用户下载新的元件供用户使用，并且用户还可以制作自己的元件库，并把自己的元件库共享给他人使用。Axure官方元件下载地址：http://www.axure.com/download-widget-libraries，从这里可以下载制作原型需要的元件，如制作Android的元件库、制作IOS的元件库等。

本章主要涉及的知识点有：

- [ ] 如何载入元件库。
- [ ] 怎样制作自己的元件库。

5.1 如何载入元件库

当下载好需要的元件库后，用户需要把这些元件载入到Axure RP 8 工具里面供用户使用。下面把下载好的Android元件库载入到工具里，元件库文件后缀都以".rplib"为准。

（1）选择载入元件库命令，找到下载好的元件库，如图5.1所示。

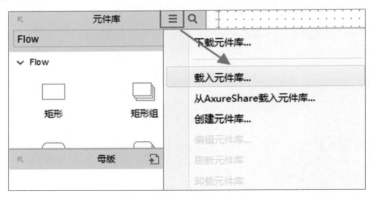

图5.1 载入元件库

（2）载入到Axure RP 8 原型工具里的Andriod元件库，如图5.2所示。

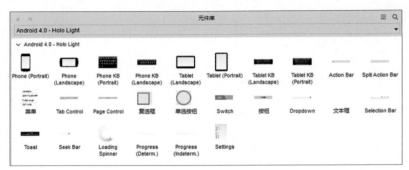

图5.2 载入Andriod元件库

5.2　制作自己的元件库

虽然用户可以下载别人制作好的元件库，但往往这些元件库并不能满足用户的要求，这时就需要用户亲手制作元件库，以供自己使用。用户也可以把制作好的元件库，放在互联网上，供大家下载使用。下面开始制作一个自己的元件库，并将其命名为"mylib"。

图5.3　创建mylib元件库

（1）如图5.3所示，单击"创建元件库"选项，选择创建的元件库存放的位置，并命名为"mylib"。

（2）制作一个搜索图标元件，在原站点地图区域上将其重新命名为"搜索"；拖曳两个组件，一个元件编辑为圆形，另一个元件编辑为搜索图标的手柄，制作好元件后单击"保存"按钮，关闭制作元件的页面，如图5.4所示。

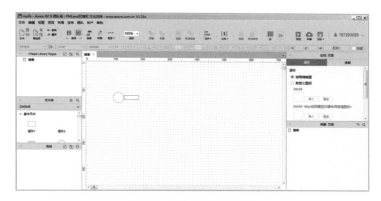

图5.4　制作搜索图标元件

（3）显示出制作好的搜索图标元件，单击图5.3所示菜单中的"刷新元件库"命令，就可以显示出制作好的搜索图标元件。

除了载入下载好的元件库和自己制作的元件库，用户还可以进行编辑元件库、卸载元件库等操作。

5.2.1　添加注释和交互

创建自定义元件库可以给元件添加注释和交互，当使用该元件时，注释和交互也会被添加到设计区域。例如，使用动态面板创建一个有交互效果的开关按钮，当把这个自定义按钮拖入到工作区域时，它的交互效果依然存在。

> 注意：要想让创建的自定义元件是组合形式的，在创建自定义元件时将元件选中并设置为组合即可。要查看或使用制作好的自定义元件库，选择"文件>保存"命令，然后回到Axure RP 8工作区域，在"元件库"面板的下拉列表中选择刚刚创建的元件库即可。

5.2.2 组织元件库到文件夹

与"站点地图"面板中组织管理页面一样，也可以将自定义元件添加到不同的文件夹进行分类管理。在自定义元件库中单击文件夹小图标，可以添加文件夹，然后拖放自定义元件到文件夹中，或者使用箭头来移动元件，如图5.5所示。

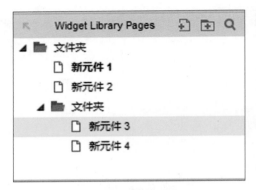

图5.5　管理自定义元件库

5.2.3 使用自定义样式

自定义元件可以指定自定义样式。设计自定义元件时，用户可以给元件填充颜色、边框、字体、阴影等样式。当自定义元件添加到项目时，它的样式也被同步导入到项目文件中，如图5.6所示。

图5.6　自定义元件样式

5.2.4 编辑自定义元件属性

在创建自定义元件库时，用户可以编辑自定义元件属性，如元件的小图标、描述和注释等。

在Axure RP 8 中，要给自定义元件添加图片和注释，首先要在工作区域选中自定义元件，然后单击"检视：页面"面板右上角的小图标，如图5.7所示。然后在"检视：图片"面板中设置自定义元件的图标、提示信息即可，如图5.8所示。

图5.7 切换小图标图

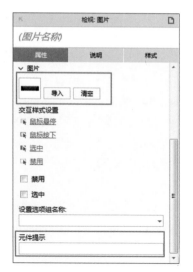

5.8 编辑自定义元件属性

本章习题

一、填空题

1. 元件库文件后缀都是以_____为准。

2. 在创建自定义元件库时，用户可以编辑自定义元件属性，如元件的_____、_____ 和注释等。

二、选择题

1. 自己制作的元件库（　　）供别人使用。

A. 可以   B. 不可以

2. 除了载入下载好的元件库和自己制作的元件库，同时用户还可以进行编辑元件库、（　　）等操作。

A. 卸载元件库   B. 收藏元件库

C. 制作元件库   D. 载入元件库

三、上机练习

1. 制作一个带交互效果的HTML按钮。

2. 根据工作需要制作自己的元件库。

第6章 使用Axure母版

Axure的母版区域是一个非常实用的、可以减少工作量的功能模块。在制作原型的过程中，用户会发现所要制作的原型的头部、尾部、导航条，甚至一些图标，在很多页面都需要用到相同的内容。如果没有母版这个功能模块，在制作原型的过程中，用户需要重复制作相同的内容，加大了很多工作量，降低了原型的制作效率。使用Axure母版功能，可以实现制作一次母版，在其他页面共用、复用；在母版里修改内容，可以实现所有引用母版的页面同时更新。

本章主要涉及的知识点有：

☐ 母版的介绍：母版的特点和分类。

☐ 母版区域的功能条介绍：母版区域的功能操作。

☐ 母版的管理操作：母版的引用、增加、删除等操作。

6.1 关于母版区域

Axure的母版区域是一个经常被用到的功能模块，它的存在让用户减少设计原型的工作量，提高工作效率，解决重复制作某个原型类似功能的苦恼，同时还可以达到一次制作母版，在其他页面进行复用的效果。

6.1.1 什么是母版区域

在Axure RP 8 原型设计界面中，图6.1所示的红色线圈内的区域就是母版区域。在原型设计过程中经常会碰到一些常用的功能模块（如导航条、尾部版权信息）在页面中都会用到。使用母版可以在原型设计过程中很大程度地减少工作量。

> 注意：母版不仅可以在一个原型制作中使用，用户还可以把母版单独保存起来，然后在每次要使用同样的功能模块时，把保存起来的母版导入到新的原型里，这样就不用重新制作母版，提高了制作原型的效率。

Axure RP 8 提供了两种制作母版的方式。

（1）通过元件转化为母版。拖曳一个横向菜单到工作区域，用鼠标右键单击"转换为母版"，给母版命名为"菜单"，这样在母版区域就可以看到制作好的"菜单"母版，如图6.2所示。

（2）通过母版区域新增母版。单击"新增母版"按钮，就可以新增一个母版，如图6.3所示。

> 注意：在制作母版时，通过元件的方式转换为母版更实用。在设计的过程中要实现页面共用、复用功能模块，这时把复用的元件转换为母版，在其他页面直接引用即可。

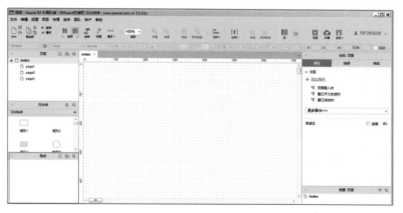

图6.1 母版区域

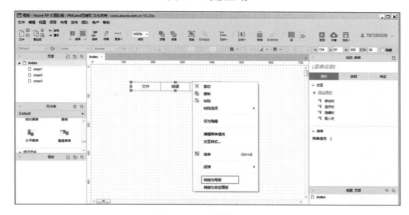

图6.2 元件转换母版

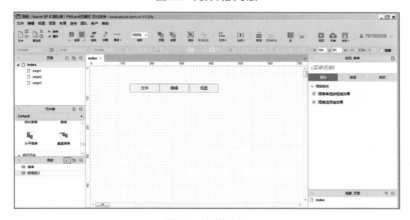

图6.3 新增母版

6.1.2 母版的基本功能

在Axure RP 7中有一排功能条，是用来对母版进行基本操作的。在Axure RP 8 中，母版面板区域更为简洁，部分基本操作功能通过单击鼠标右键即可实现，如图6.4所示。在制作母版之前，先了解母版基本功能的作用，有助于快速制作母版。

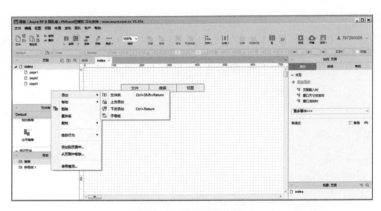

图6.4　基本操作功能

　　■：单击"新增母版"按钮可以实现新增一个母版。

　　■：单击"新增文件夹"按钮可以实现新增一个文件夹，该文件夹用来管理新增的母版，对母版进行分类放置。

　　■：单击"向上移动"按钮可以把选中的母版上移一个位置，提高母版的排序。

　　■：单击"向下移动"按钮可以把选中的母版下移一个位置，降低母版的排序。

　　■：单击"降级"按钮可以把当前母版降级为上一个母版的子母版。

　　■：单击"升级"按钮可以把当前母版从子母版升级为母版。

　　■：单击"删除"按钮可以把选中的母版删除，但是当这个母版在其他页面有引用时，无法删除当前母版，如图6.5所示。

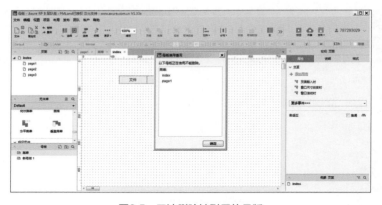

图6.5　无法删除被引用的母版

　　删除的母版下面有子母版时，当删除母版时，会弹出警告对话框，提示会删除与母版相关的子母版和文件夹，如图6.6所示。

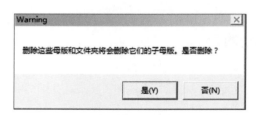

图6.6　提示对话框

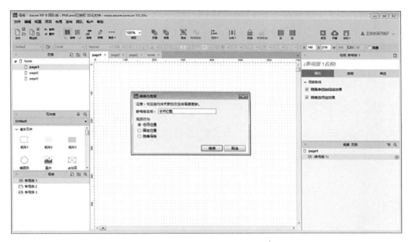

: 单击"搜索"按钮，可以根据母版名称，筛选出搜索的母版。

6.1.3 母版的使用

在制作母版时，会发现母版有3种拖放行为：任何位置、锁定到母版中的位置、从母版脱离。在页面使用母版时，可以根据这3种拖放行为来选择制作母版。

1. 任何位置

拖放行为为任何位置时，母版在引用的页面中可以被移动，被放置在页面中的任何位置，用户在引用页面对母版所做的修改会在所有引用母版 的页面中同时更新。

（1）拖曳一个横向菜单元件到工作区域，选中横向菜单元件，单击鼠标右键选择"转换为母版"命令，在弹出的对话框中填写新母版名称为"任何位置"，并选中"任何位置"单选按钮，单击"继续"按钮，如图6.7所示。

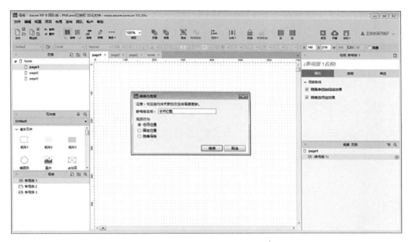

图6.7　新增任何位置母版

（2）新增完拖放行为为"任何位置"母版后，在母版上单击鼠标右键，选择"添加到页面"命令，系统弹出"添加母版到页面中"对话框，勾选"Page 1"复选框，就可以把母版引用到Page 1页面，如图6.8所示。

图6.8　将"任何位置"母版引用到Page 1页面

（3）双击站点地图的Page 1页面，在工作区域上可以看到母版已经引用到页面上。在Page 1页面上选中引用的母版，单击鼠标右键取消勾选"固定位置"命令，如图6.9所示。

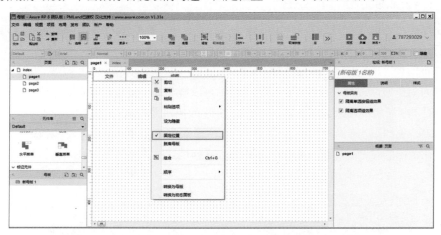

图6.9　单击鼠标右键取消勾选"固定位置"

（4）拖曳Page 1页面上的菜单，会发现菜单可以随意放置，如图6.10所示。

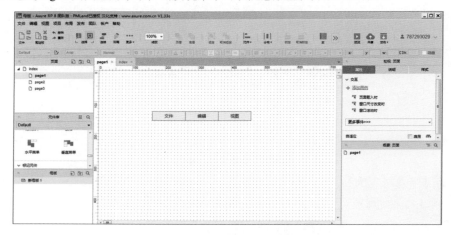

图6.10　任何位置母版随意拖动

2. 锁定到母版中的位置

拖放行为锁定为母版中的位置时，母版在引用的页面会处于最底层并被锁定，用户对母版所做的修改会在所有引用母版的页面同时更新，页面引用母版中的控件位置与母版中的位置相同。这种拖放行为常用于布局和底板。

（1）单击站点地图的"Home"页面，从元件区域拖曳一个纵向菜单元件到工作区域，单击鼠标右键将其转换为母版，并重新命名为"锁定为母版中的位置"命令，选中图6.7中"固定位置"单选按钮，单击"继续"按钮，如图6.11所示。

（2）新增完拖放行为为"锁定为母版中的位置"母版后，在母版上单击鼠标右键选择"新增页面"命令，系统弹出"添加母版到页面中"对话框，勾选"Page 2"复选框，就可以把母版引用到Page 2页面，如图6.12所示。

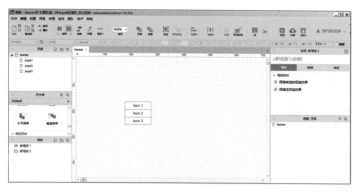

图6.11　创建一个固定位置母版

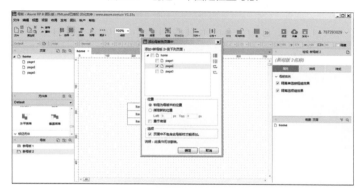

图6.12　将固定位置母版引用到"Page 2"页面

（3）双击站点地图的"Page 2"页面，在工作区域上看到母版已经引用到页面上，但是拖曳页面上的纵向菜单元件，却无法移动，该母版的位置已被锁定，如图6.13所示。

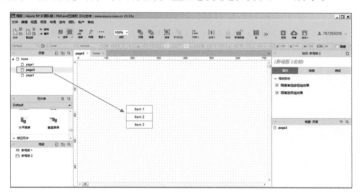

图6.13　在"Page 2"页面中无法移动该母版

3. 从母版脱离

拖放行为为从母版脱离时，页面引用的母版会与原母版失去联系，页面引用的母版元件可以像一般元件一样进行编辑。这种拖放行为常用于创建具有自定义元件的组合。

（1）单击站点地图的"Home"页面，从元件区域拖曳一个表格元件到工作区域，单击鼠标右键将其转换为母版，并重新命名为"从母版脱离"命令，选中图6.7中"脱离母版"单选按钮，单击"继续"按钮，如图6.14所示。

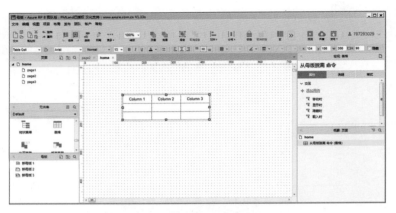

图6.14 创建一个脱离母版的母版

（2）新增完拖放行为为"从母版脱离"母版后，在母版上单击鼠标右键，选择"新增页面"命令，系统弹出"添加母版到页面中"对话框，勾选"Page 3"复选框，就可以把母版引用到"Page 3"页面，如图6.15所示。

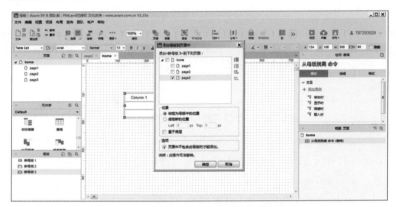

图6.15 将母版引用到"Page 3"页面

（3）双击站点地图的"Page 3"页面，在工作区域上看到母版已经引用到页面上。在"Page 3"页面上选中引用的母版，单击鼠标右键，选择"脱离母版"命令，如图6.16所示。

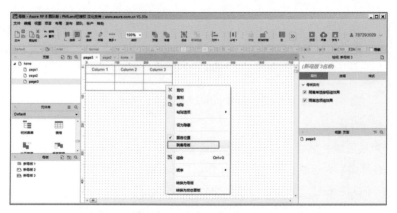

图6.16 单击鼠标右键并勾选"脱离母版"命令

（4）拖曳"Page 3"页面上的表格元件，会发现可以随意放置表格，以及可以对表格进行编辑，如图6.17所示。

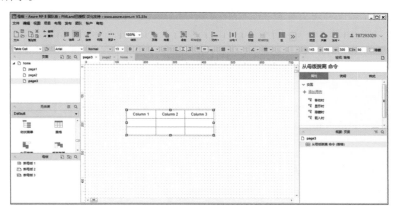

图6.17　对表格元件进行移动和编辑

（5）删除Page 3页面上引用的母版，在"从母版脱离"母版上单击鼠标右键，选择"从页面删除"命令，系统弹出"Remove Master from Pages（从页面中删除母版"对话框，勾选"Page 3"复选框，单击"确定"按钮，就可以删除"Page 3"引用的母版，如图6.18所示。）

图6.18　删除"Page 3"引用的母版

6.2　案例："12306火车购票网站"母版原型设计

访问12306火车购票网站，可以发现客票首页、车票预订、余票查询、出行导向、信息服务5个页面的顶部信息和尾部的版权信息内容几乎一致，如图6.19所示。下面通过对"12306火车购票网站"的顶部和尾部版权信息建立母版，进一步熟悉母版的使用，以及提高制作原型的效率。

图6.19　12306火车购票网站客运首页

6.2.1 建立站点地图

在站点地图上，建立12306火车购票网站的页面，包括客运首页、车票预订、余票查询、出行向导、信息服务5个页面，如图6.20所示。

6.2.2 建立母版页面

建立顶部信息母版页面。单击"客运首页""车票预订""余票查询""出行向导""信息服务"5个导航菜单，会发现顶部信息和所在位置没有发生变化，我们可以使用拖放行为为锁定到母版中的位置来制作母版。

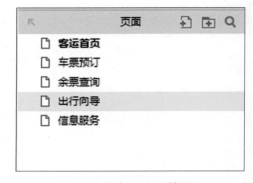

图6.20　新建12306网站页面

（1）在12306购票网站的顶部截取背景图片，将其粘贴到客运首页的工作区域，作为顶部信息的背景底图，如图6.21所示。

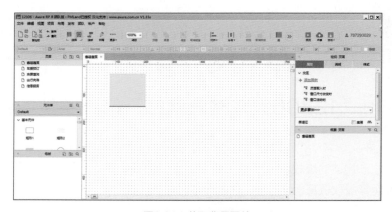

图6.21　截取背景图片

（2）把背景图片放在x为0、y为1的位置，宽度设置为1400，高度不变。拖曳一个图片元件到工作区域，作为网站的Logo图标。从购票网站上截取Logo图片，用于替换图片元件；并在右面的页面样式中，把页面对齐设置为居中，如图6.22所示。

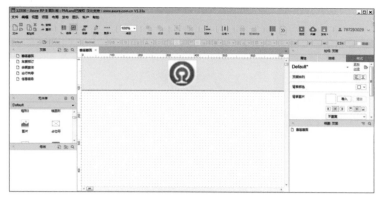

图6.22　添加顶部背景和Logo图标

（3）拖曳两个标签元件，分别重新命名为"中国铁路客户服务中心"和"客运服务"。把"中国铁路客户服务中心"的字体系列设置华文仿宋、字号为18号字、字体加粗；把"客运服务"的字体系列设置华文中宋，字号为16号字。拖曳一个垂直线作为间隔线，在工具栏上的设置线宽为第二个线框，如图6.23所示。

图6.23　添加网站名称

（4）拖曳一个矩形标签，宽度设置为468，高度设置39，并编辑形状为左侧斜角标签形状。把矩形元件的边框设置为无，填充背景色为背景图底边蓝色（#478DCD），如图6.24所示。

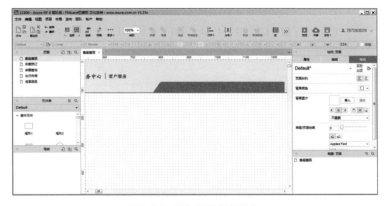

图6.24　添加导航条背景色

（5）拖曳5个标签元件，分别命名为"客票首页""车票预订""余票查询""出行向导""信息服务"，字号设置为16号字，字体颜色设置为白色，如图6.25所示。

图6.25　添加导航条菜单

（6）拖曳7个标签元件，分别命名为"意见反馈:""12306yjfk@rails.com.cn""您好，请""登录""注册""我的12306"，其中把"12306yjfk@rails.com.cn""登录"的字体颜色设置为橘黄色（#FB7403），如图6.26所示。

图6.26　添加"登录""注册"等按钮

（7）在"登录"与"注册"中间添加一条垂直线，在"我的12306"后面添加下三角号，在"手机版"前面添加手机图标，在12306购票网站上截取下三角号和手机图标，如图6.27所示。

图6.27　添加下三角、手机图标

（8）在工作区域，利用组合键Ctrl+A，选中所有元件，然后单击鼠标右键，选择"转换为母版"命令，并重新命名为"页头"，选中"固定位置"单选按钮，单击"继续"按钮，如图6.28所示。

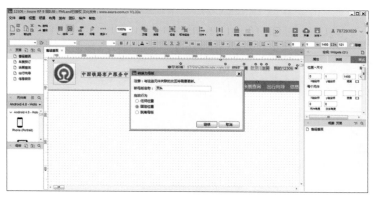

图6.28　将元件转换为母版

（9）在母版区域中，选中"页头母版"，单击鼠标右键，选择"添加母版到页面中"命令，系统弹出"添加母版到页面中"对话框，勾选全部复选框，单击"确定"按钮，将母版引用到页面上，如图6.29和图6.30所示。

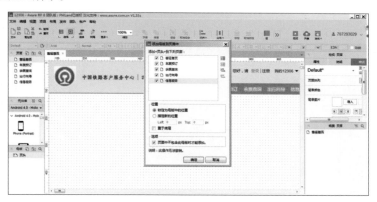

图6.29　添加母版到页面中

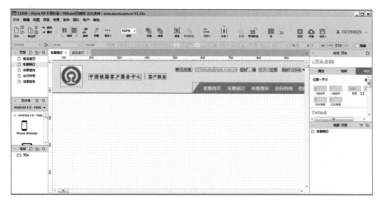

图6.30　车票预订引用的母版

12306购票网站的尾部版权信息同样制作成母版，但是这个母版的位置允许移动，所以在制作母版时，母版的拖放行为使用在任何位置的母版。

（1）拖曳一个矩形元件到客运首页的工作区域中，设置矩形元件的宽度为1400，高度设置为110，边框设置为无。再拖曳一个横线元件到工作区域，宽度设置为1400，线框设置为第三个线框，颜色设置为背景图底边蓝色（#478DCD），如图6.31所示。

图6.31 设置尾部的边线

（2）拖曳一个文本元件到工作区域，并重新填写内容为"关于我们|网站声明版权所有©2008-2015铁道部信息技术中心中国铁道科学研究院京ICP备10009636号"，元件样式设置居中对齐，在图6.32所示红色线圈的设置属性区域行间距为18。

图6.32 填写版权信息并设置样式

（3）把文本元件拖曳到尾部中间位置放置，并同时选中尾部的横线和矩形元件，单击鼠标右键将其转换为母版，重新命名为"页尾"，选中"任何位置"单选按钮，单击"继续"按钮，如图6.33所示。

（4）在页尾母版上单击鼠标右键，选择"添加到页面中"命令，系统弹出"添加母版到页面中"对话框，勾选全部复选框，单击"确定"按钮，这样就可以把页尾母版引用到页面上，如图6.34所示。

（5）按快捷键F8发布制作好的原型，可以发现在页面上已经把页头、页尾母版引用到了页面上，如图6.35所示。

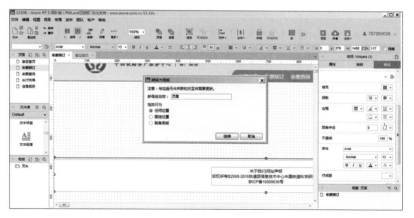

图6.33　转换为页尾母版

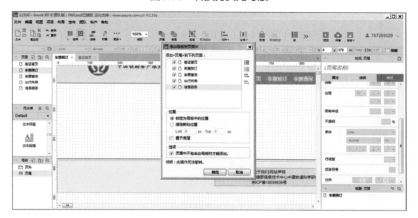

图6.34　将页尾母版引用到页面中

图6.35　发布12306购票网站原型

注意：在使用拖放行为在任何位置制作母版时，把母版引用到页面上，会发现引用的母版拖曳不动，因为此时的拖放行为还是锁定到母版中的位置。我们可以单击鼠标右键，取消勾选"锁定到母版中的位置"命令。

本章习题

一、填空题

1. 在Axure RP 8 中，母版面板区域更为简洁，部分基本操作功能通过＿＿＿来实现。

2. 母版可以达到一次制作，在其他页面进行＿＿＿的效果。

二、选择题

1. Axure RP 8 提供了（　）种制作母版的方式。

A. 1   B. 2

C. 3   D. 4

2. Axure RP 8 中母版有（　）种拖放行为。

A. 1   B. 2

C. 3   D. 4

三、上机练习

1. 制作一个母版在多个页面引用的效果。

2. 母版在原型中的应用。

第7章　应用Axure中的交互

Axure原型设计工具被很多设计师、产品经理青睐的主要原因是用它制作的原型不仅在界面上能表达用户的功能需求，而且在交互上能表达用户的使用操作，达到和真正产品软件所达到的真实体验。所以Axure元件交互制作可以说是制作原型的核心基础，只有掌握了元件交互的使用，才能做出各种真实的交互效果，给用户提供一种真实的产品交互操作，而不是简简单单的原型。在制作原型时，发现有些地方需要添加备注进行说明，这时注释就可以解决这个问题，它可以给元件添加说明情况，也可以说明当前的元件交互的备注。

本章主要涉及的知识点有：

☐　触发事件的使用。

☐　交互条件的设置。

☐　交互行为的介绍及使用。

7.1　触发事件

Axure RP 8 交互的触发事件分为两部分：当鼠标单击某元件时，图7.1红色线框区域为元件触发事件；当鼠标单击页面的空白位置时，Axure RP 8 自动切换为页面触发事件，如图7.2所示。触发事件是交互动作的起因和源头，根据不同的交互行为选择不同的交互触发事件，从而达到我们想要的交互效果。

元件交互触发事件，Axure默认内置了很多元件交互的触发事件，用户可以根据不同的应用场景选择不同的触发的事件。Axure默认显示3种常用的触发事件：鼠标单击时、鼠标移入时和鼠标移出时，在更多事件里面隐藏了很多其他触发事件供用户使用。

（1）鼠标单击时：在元件上单击鼠标时触发的事件，动态面板上不能触发鼠标单击时事件，常用于单击功能按钮时的场景。

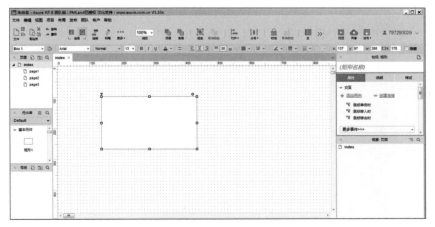

图7.1　元件触发事件

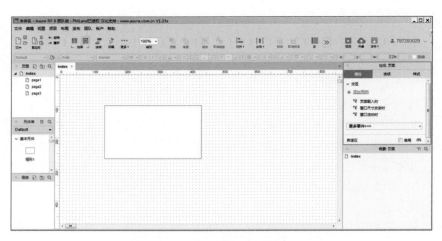

图7.2　页面触发事件

（2）鼠标移入时：在元件上鼠标移入时触发的事件，常用于图片或者某个区域放大场景。

（3）鼠标移出时：与移入对应的是鼠标移出时的操作，当我们设置了鼠标移出时的触发事件，也要设置在移出时恢复以前的场景。

（4）鼠标双击时：在元件上鼠标双击时的触发事件，常用于放大图表或者双击打开某个页面场景。

（5）鼠标右键单击时：用于鼠标右键单击时执行的操作。

（6）鼠标按键按下时：鼠标在按下时触发事件，和鼠标单击时的区别是在鼠标按键按下的过程中触发事件，在鼠标按键释放的过程中触发另一个事件，而鼠标单击时只能作为一种触发事件。

（7）鼠标按键释放时：鼠标按键释放时触发的事件。

（8）鼠标移动时：鼠标在移动过程中触发的事件。

（9）鼠标悬停超过2s时：鼠标悬停超过2s时触发的事件，用于关闭某个弹出框提示的场景。

（10）鼠标单击并保持超过2s时：用于在鼠标单击时并超过2s触发的事件。

（11）键盘按键按下时：这个与鼠标按键按下时触发事件类似。

（12）键盘按键松开时：常用于文本框编辑完时，统计文本框里字数的场景。

（13）移动：移动触发事件。

（14）显示：用来显示出某个元件的场景。

（15）隐藏：用来隐藏某个元件的场景。

（16）获得焦点：在获得焦点时触发的事件，用于文本输入框在获得焦点时的应用场景。

（17）失去焦点时：在失去焦点时触发的事件，用于文本输入框在失去焦点时的应用场景。

Axure默认内置了很多页面交互的触发事件，根据不同的应用场景选择不同的触发事件。Axure默认显示3种常用的触发事件：页面载入时、窗口尺寸改变时、窗口滚动时，在更多事件里面隐藏了很多其他触发事件供我们使用。

（1）页面鼠标单击时。

（2）页面鼠标双击时。

（3）页面鼠标右键单击时。

（4）页面鼠标移动时。

（5）页面键盘按键按下时。

（6）页面键盘按键松开时。

（7）自适合视图变更时。

注意：当需要给元件添加交互事件时，要先给元件命名，可以是英文或者拼音，以便于在给元件添加交互行为时寻找相应的元件。

7.2 交互条件

软件在交互过程中，往往希望根据不同条件显示不同的内容，如果执行某个操作，结果只有一种情况，可以忽略设置交互条件；如果执行某个操作，根据不同条件，会有不同的结果，这时需要设置交互条件。一种触发事件可以设置多个交互条件，则可以执行多种行为操作，以到达多种执行效果。

进入"用例编辑"对话框后，单击图7.3所示的新增条件区域，弹出"条件设立"对话框，在"条件设立"对话框里可以设置交互条件。

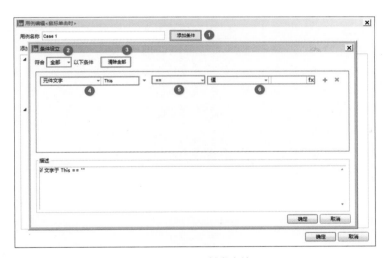

图7.3　Axure触发事件

7.2.1 新建、删除条件和条件之间关系

图7.3所示的圈2红色线圈区域，用来设置多个条件之间的关系，它的下拉列表有全部和任意两种选型。选择全部时，多个条件是并集关系，当设置的条件都满足时，才执行相关动作；选择任意时，当多个条件有一个满足时，就可以执行相关动作。

在图7.3所示的圈3红色线圈区域，用来新建条件和清除全部条件。如果想单独删除某个条件，可以在该条件行，单击红色"x"号。单击绿色"+"号，可以新增一行条件。

7.2.2 条件设置

条件设置部分可以理解为3个部分，用来比较图7.3的圈4和圈6的关系，图7.3的圈5是运算符，是比较方式。随着图7.3的圈4的选择，圈6也是随着变化。Axure内置了好多种条件设置，下面演示如何使用条件设置。

（1）值：值可以直接在输入框中输入，也可以单击"fx"按钮编辑值。

（2）变量值：变量值是在全局变量里设置的，Axure软件自带了一个变量，我们也可以自行添加新的变量，在进行变量值比较时，插入变量名即可。

（3）变量值长度：变量值长度是用来判断变量值的字符个数，在Axure里一个中文汉字的长度是1。

（4）元件文字：元件文字使用前提是元件上面可以编辑相关文字。不能编辑文字的部件不能使用，例如动态面板、图像热区、横线、垂直线、内部框架、下拉列表框和列表选择框。

（5）焦点元件上的文字：焦点元件上的文字是鼠标单击部件上的文字，例如文本框获取焦点时，光标在文本框内闪动。

（6）元件值长度：元件值长度只能应用到文本框（单行）元件、文本框（多行）元件、下拉列表框和列表选择框。

（7）选中项值：选中项值只能应用到下拉列表框和列表选择框，获取元件当前值才能确定选中状态。

（8）选中状态值：选中状态值只能应用到单选按钮元件和复选框元件，选中状态时值为"真"，未选中状态时值为"假"。

（9）动态面板状态：动态面板状态是把获取事件触发时动态面板的状态作为条件，从名字上看也是只能应用到动态面板元件。

（10）元件可见性：元件可见性以元件的显示或者隐藏作为判断条件。

（11）键按下：把键按下时作为条件。

（12）光标：以光标是否进入到某个元件范围内作为条件。

（13）元件范围：元件覆盖的范围，把是否接触到指定元件作为条件。

（14）自适应视图：把自适应视图作为条件。

7.2.3 交互条件应用

在上小学时，父母每天给1元零花钱，我们用来买零食；当我们上中学时，父母每天会把零花钱增加到5元钱，可选的零食范围也多了；当我们上高中时，面临着高考，压力很大，父母为了我们能吃好，营养充足，每天零花钱增加到30元钱，这时可以给女生买零食，争取追到一个女生作为女朋友。上大学时，我们已成年了，离父母也更远了，父母担心我们吃不好、穿不好，往往都会寄很多钱给我们，假设每天给50元作为生活费。以这个为例子，来看看交互条件是怎么应用的。

（1）在左侧站点地图上重新命名一个元件交互条件。拖曳一个下拉列表框元件到工作区域，并在下拉列表框设置"上小学""上中学""上高中""上大学"4个下拉选型，并把"上小学"作为默认值。拖曳一个矩形元件到工作区域，填写文本内容为买零食，将元件命名为thing，如图7.4所示。

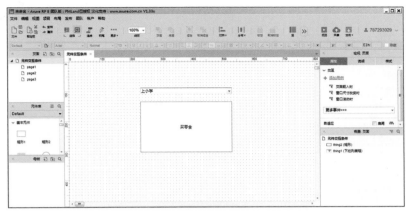

图7.4　新增下拉列表框和矩形元件

（2）在"项目"的"全局变量"命令下新建一个全局变量"dosomething"，默认值为空，如图7.5所示。

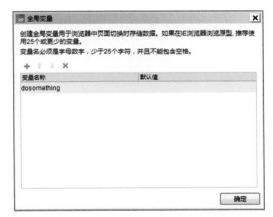

图7.5　新增全局变量dosomething

（3）单击工作区域中下拉列表框元件，在元件交互属性区域双击"选项改变时"按钮，弹出"用例编辑"对话框，单击"添加条件"按钮，设置当前元件为"上小学"，如图7.6所示。

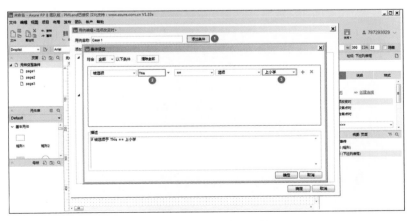

图7.6　设置条件为上小学

（4）设置完条件后，在"用例编辑"对话框的"添加动作"下面选中"设置变量值"，在"配置动作"下面勾选"dosomething"复选框，输入变量值为"买零食"，如图7.7所示。

图7.7　设置变量值为买零食

（5）在"添加动作"下面选择"设置文本"，勾选"thing"复选框，然后单击"fx"按钮，将全局变量赋值给thing元件，如图7.8所示。

图7.8　给矩形组件赋值

（6）给矩形元件赋值后，单击"确定"按钮。运用同样的方式，再次单击"选项改变时"按钮，设置条件为当前元件等于"上中学"，设置变量值dosomething为"买更多零食"，然后将变量值赋给矩形元件，如图7.9所示。

图7.9　新增上中学用例

（7）给矩形元件赋值后，单击"确定"按钮。运用同样的方式，再次单击"选项改变时"按钮，设置条件为当前元件等于"上高中"，设置变量值dosomething为"给女生买零食"，然后将变量值赋给矩形元件，如图7.10所示。

图7.10　新增上高中用例

（8）给矩形元件赋值后，单击"确定"按钮。运用同样的方式，再次单击"选项改变时"按钮，设置条件为当前元件等于"上大学"，设置变量值dosomething为"生活费"，然后将变量值赋给矩形元件，如图7.11所示。

图7.11　新增上大学用例

（9）按快捷键F8发布原型后，选择下拉列表框，会发现矩形内容跟着发生变化，如图7.12所示。

图7.12　交互结果

注意：一个触发事件下面会随着多个交互条件下，会有多个用例，这些用例的执行顺序是从上到下。

7.3 交互行为

　　交互行为是根据触发事件和交互条件所执行的交互动作。Axure内置了很多种交互行为，有链接交互行为、元件交互行为、动态面板交互行为、变量交互行为、中继器交互行为和其他交互行为6类。了解每种交互行为的含义以及执行效果，在制作原型时能快速选择应该使用哪种交互行为，提高制作原型的效率。

7.3.1 链接：切换用户UI

链接交互行为包括当前窗口打开链接、新窗口/标签页打开链接、弹出窗口打开链接、父级窗口打开链接、关闭窗口、内部框架打开链接、父框架打开链接以及滚动到元件（锚点链接）。

在站点地图上新增两个页面，一个是链接页面，另一个是链接结果页面。在链接结果页面拖曳一个矩形元件到工作区域，背景色设置为灰色（#CCCCCC）。矩形元件内容设置为"Hello，我是链接结果页面！"，如图7.13所示。

图7.13　新增两个页面

1. 当前窗口打开链接：在当前窗口打开一个新的链接或者页面

（1）拖曳一个HTML按钮元件到工作区，将按钮元件内容重新命名为"当前窗口打开链接"。在元件交互属性区域，双击"鼠标单击时"按钮，弹出"用例编辑"对话框，在"添加动作"下面单击"当前窗口"，在"配置动作"下面勾选"链接到当前项目的某个页面"单选按钮，让它链接到链接结果页面，如图7.14所示。

图7.14　设置当前窗口打开链接

（2）按快捷键F8发布制作的原型，如图7.15所示。

图7.15　原型发布结果

（3）单击"当前窗口打开链接"按钮，会在当前窗口打开链接页面，如图7.16所示。

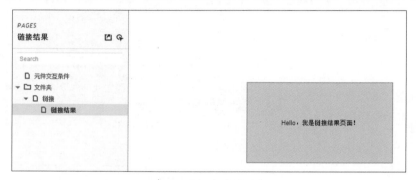

图7.16　当前窗口打开页面

2. 新窗口／标签页打开链接：在一个新窗口或者标签页打开一个新的链接或者页面

（1）拖曳一个HTML按钮元件到工作区域，将按钮元件内容重新命名为"新窗口打开链接"。在元件交互属性区域，双击"鼠标单击时"按钮，弹出"用例编辑"对话框，在"添加动作"下面单击"新窗口/新标签"，在"配置动作"下面勾选"链接到当前项目的某个页面"单选按钮，让它链接到链接结果页面，如图7.17所示。

图7.17　设置新窗口打开链接

（2）按快捷键F8发布制作的原型，如图7.18所示。

图7.18 原型发布结果

（3）单击"新窗口打开链接"按钮，会在新窗口打开链接页面，如图7.19所示。

图7.19 新窗口打开页面

3. 弹出窗口打开链接：在一个弹出窗口打开一个新的链接或者页面

（1）拖曳一个HTML按钮元件到工作区域，将按钮元件内容重新命名为"弹出窗口打开链接"。在元件交互属性区域，双击"鼠标单击时"按钮，弹出"用例编辑"对话框，在"添加动作"下面单击"弹出窗口"，在"配置动作"下面勾选"链接到当前项目的某个页面"单选按钮，让它链接到链接结果页面，如图7.20所示。

（2）在图7.20所示的右下方可以对弹出窗口设置大小、位置等相关属性，默认会勾选"屏幕正中"复选框，如图7.21所示。

（3）按快捷键F8发布制作的原型，如图7.22所示。

（4）单击"弹出窗口打开链接"按钮，会在弹出窗口打开页面，如图7.23所示。

图7.20　设置弹出窗口打开链接

图7.21　弹出窗口属性设置

图7.22　原型发布结果

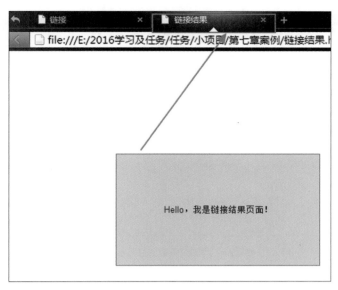

图7.23　弹出窗口打开页面

4. 父级窗口打开链接：在一个父级窗口打开一个新的链接或者页面

（1）在站点地图上，新建一个页面，重命名为"链接结果2"。拖曳矩形元件到工作区域，背景设置为绿色（#006600）；元件内容设置为"Hello，我是链接结果2页面！"，字号设置20，字体加粗，设置为红色字体（#FF0000），如图7.24所示。

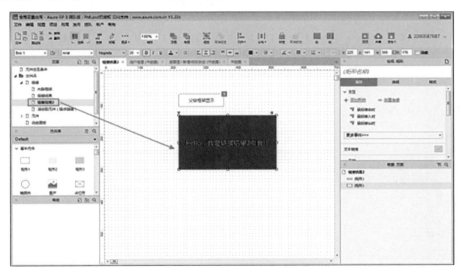

图7.24　新建链接结果2页面

（2）双击站点地图的链接结果页面，拖曳一个HTML按钮元件到工作区域，将按钮内容重新命名为"父级窗口打开链接"，如图7.25所示。

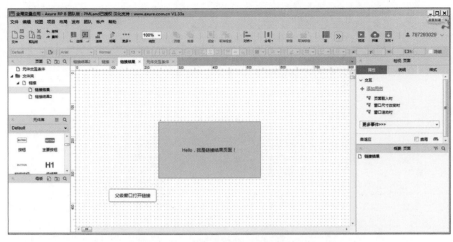

图7.25 添加父级窗口打开链接按钮

（3）单击"父级窗口打开链接"按钮，在元件交互属性区域，双击"鼠标单击时"按钮，弹出"用例编辑"对话框，在"添加动作"下面单击"父级窗口"，在"配置动作"下面勾选"链接到当前项目的某个页面"单选按钮，让它链接到链接结果2页面，如图7.26所示。

图7.26 设置父级窗口打开链接结果2页面

（4）按快捷键F8发布制作的原型，如图7.27所示。

图7.27 发布制作的原型

（5）单击"弹出窗口打开链接"按钮，在弹出窗口里面单击"父级窗口打开链接"按钮，会发现在父级窗口打开链接结果2页面，如图7.28所示。

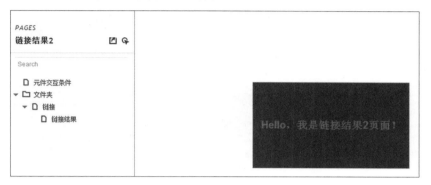

图7.28　在父级窗口打开链接结果2页面

5. 关闭窗口：关闭已经打开的窗口

（1）在站点地图上拖曳一个HTML按钮元件，将按钮内容重新命名为"关闭窗口"。在元件交互属性区域，双击"鼠标单击时"按钮，弹出"用例编辑"对话框。在"添加动作"下面单击"关闭窗口"，如图7.29所示。

图7.29　设置关闭窗口

（2）按快捷键F8发布制作的原型，如图7.30所示。

图7.30　发布制作的原型

（3）单击"关闭窗口"按钮后，会有关闭窗口的提示框弹出。单击"是"按钮，就会关闭当前窗口。

6. 内联框架打开链接：在内联框架打开一个链接或者页面

（1）在站点地图上新建一个内联框架页面，双击内联框架页面，拖曳一个HTML按钮元件到工作区域，将按钮内容重新命名为"显示内联框架内容"。拖曳一个内联框架元件到工作区域，元件命名为"iframe"，如图7.31所示。

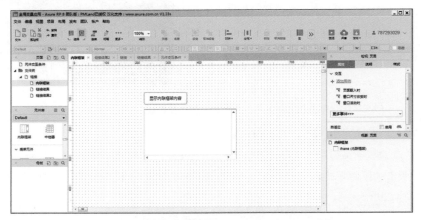

图7.31　新建内联框架页面

（2）在工作区域中，双击内联框架元件，在弹出的"链接属性"对话框中设置内部框架默认显示页面为链接结果页面，如图7.32所示。

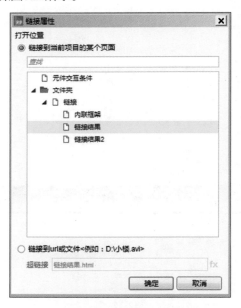

图7.32　设置内联框架默认显示页面

（3）选中"显示内联框架内容"按钮，在元件交互属性区域，双击"鼠标单击时"按钮，弹出"用例编辑"对话框。在"添加动作"下面单击"内联框架"，在"配置动作"下面勾选"iframe"复选框，让它链接到链接结果2页面，如图7.33所示。

图7.33 设置内部框架重新打开一个页面

（4）按快捷键F8发布制作的原型，内部框架默认显示链接结果页面的内容，如图7.34所示。

图7.34 发布制作的原型

（5）单击"显示内联框架内容"按钮，会显示一个链接结果2页面，如图7.35所示。

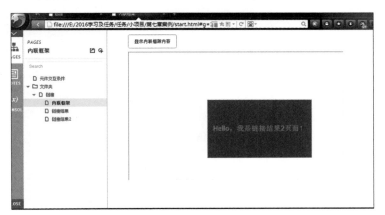

图7.35 显示链接结果2页面

7. 父框架打开链接：在父框架打开一个链接或者页面

（1）在站点地图上双击链接结果2页面，拖曳一个HTML按钮元件到工作区域，将按钮内容重新命名为"父级框架显示"，在元件交互属性区域，双击"鼠标单击时"按钮。弹出"用例编辑"对话框，在"添加动作"下面单击"内联框架"，在"配置动作"下面会发现没有可使用的内联框架，因为在当前页面没有内联框架元件，如图7.36所示。

图7.36　添加内部框架

（2）在图7.36中，虽然没有可使用的内联框架元件，但是在"配置动作"下面可以选择"父级框架"单选按钮，在父级框架里打开链接结果页面，如图7.37所示。

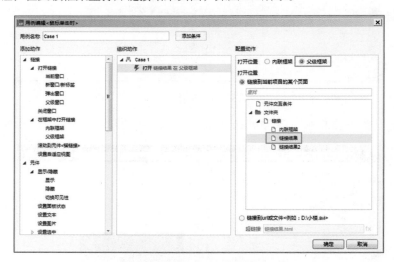

图7.37　父级框架打开链接结果页面

（3）按快捷键F8发布制作的原型，如图7.38所示。

图7.38　发布制作的原型

（4）单击"父级框架显示"按钮，会在父级框架里显示链接结果页面的内容，如图7.39所示。

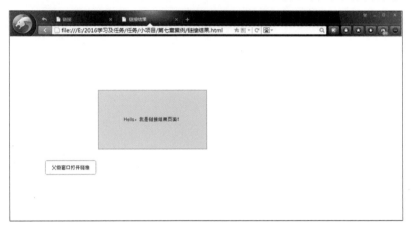

图7.39　父级框架显示链接结果页面

8. 滚动到元件（锚点链接）

在浏览网页时经常会接触到这样的页面，即在右侧会悬浮一块区域，单击悬浮区域里的链接，页面会滚动到链接指定位置，例如页首或者页尾，Axure同样也能实现这样的功能。

（1）在站点地图新建一个页面，将其重新命名为"滚动到元件（锚点链接）"，拖曳两个矩形元件到工作区域，宽度设置为1200，高度设置为100。一个放在页面的顶部，*x*轴、*y*轴坐标为（0，0）；另一个放在页面的尾部，*x*轴、*y*轴坐标为（0，1303）。矩形内容分别为"页首"和"页尾"，元件命名为"yeshou"和"yewei"。背景色设置为绿色（#009900），字体设置为红色（#FF0000），字体加粗，字号为20，如图7.40和图7.41所示。

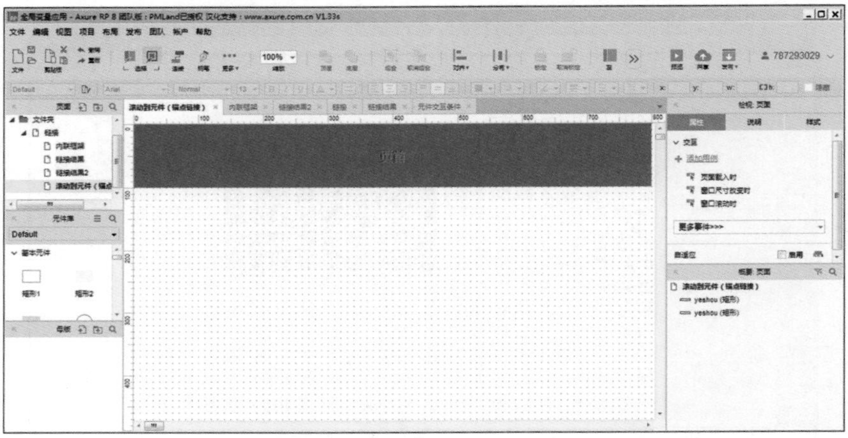

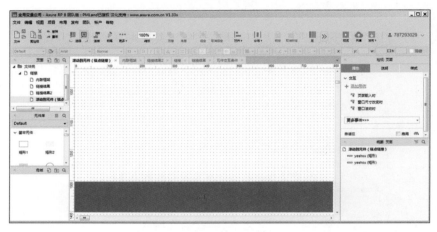

图7.40　首页

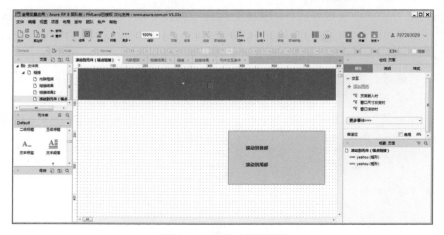

图7.41　页尾

（2）拖曳一个矩形元件到工作区，背景设置为灰色（#CCCCCC）。拖曳两个标签元件到工作区域，分别重名为"滚动到首部"和"滚动到尾部"，字体加粗，如图7.42所示。

图7.42　添加滚动操作按钮

（3）单击"滚动到首部"标签元件，在元件交互属性区域双击"鼠标单击时"按钮，弹出"用例编辑"对话框。在"添加动作"下面单击"滚动到元件（锚链接）"，在"配置动作"下面勾选"yeshou"复选框，"动画"下拉框选择"线性"，如图7.43所示。

图7.43　设置滚动到页首

（4）单击"滚动到尾部"标签元件，在元件交互属性区域双击"鼠标单击时"按钮，弹出"用例编辑"对话框。在"添加动作"下面单击"滚动到元件（锚链接）"，在"配置动作"下面勾选"yewei"复选框，"动画"下拉框选择"线性"，如图7.44所示。

图7.44　设置滚动到页尾

（5）选中灰色矩形元件和两个标签元件，单击鼠标右键将其转换为动态面板命令，如图7.45所示。

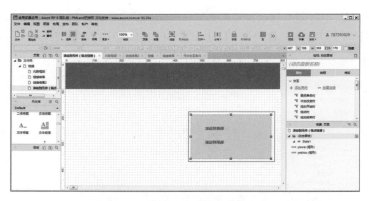

图7.45　将3个元件转换为动态面板

（6）转换为动态面板后，在动态面板上单击鼠标右键，选择"固定到浏览器窗口"命令，"水平固定"设置为"右"，"垂直固定"设置为"居中"，如图7.46所示。

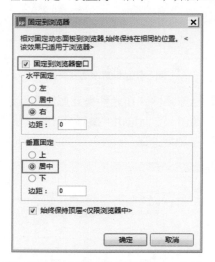

图7.46　设置动态面板在浏览器中的位置

（7）按快捷键F8发布制作的原型。按灰色区域的"滚动到首部"按钮，会滚动到页首；按"滚动到尾部"按钮，会滚动到页尾，如图7.47和图7.48所示。

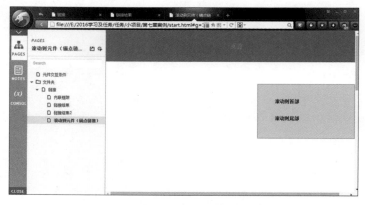

图7.47　滚动到首部

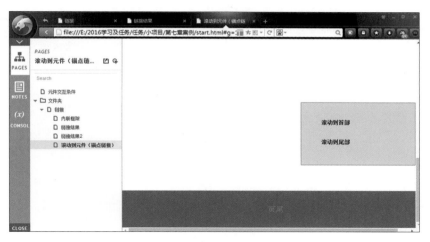

图7.48　滚动到尾部

注意：在Axure RP 8 的链接中新增了设置自适应视图功能，主要应用在图像元件导入图片时，通过设置自适应视图，可以选择自动与图片匹配大小以及手动与图片匹配大小。一般情况下，默认为自动功能。

7.3.2 元件：元件效果介绍

元件交互行为是常用到的交互行为，它分为元件的显示/隐藏行为、设置元件文本行为、设置元件图像行为、设置元件选择/选中行为、设置元件选定的列表项行为、设置元件启用/禁用行为、设置元件移动行为、设置元件置于顶层/底层行为、设置元件获得焦点行为、设置元件展开/折叠树节点行为，元件的交互行为越丰富，制作出的原型交互效果体验度越真实。

1．元件的显示/隐藏行为

该行为可以控制某个元件是显示或隐藏起来，实现元件的显示、隐藏切换效果。

（1）在站点地图上新建一个显示/隐藏页

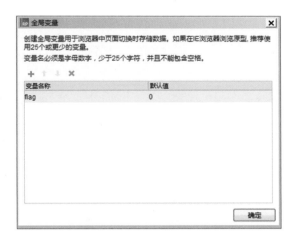

图7.49　设置一个全局变量flag

面，并设置一个全局变量"flag"，默认值为0，如图7.49所示。

（2）拖曳一个HTML按钮元件，将文本内容重新命名为"显示/隐藏"；拖曳一个矩形元件，将文本内容重新命名为"大家好，我是矩形元件"；将矩形标签命名为"xianshi"，如图7.50所示。

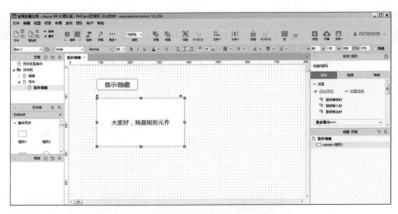

图7.50　新增HTML按钮和矩形元件

（3）单击"显示/隐藏"按钮，在元件交互属性区域双击"鼠标单击时"按钮，弹出"用例编辑"对话框。单击"新增条件"按钮，弹出"条件设立"对话框，设置变量值"flag"等于0，如图7.51所示。

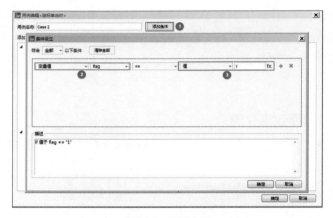

图7.51　新增条件

（4）在"用例编辑"对话框的"添加动作"下面单击"隐藏"，在"配置动作"下面勾选"xianshi"复选框，如图7.52所示。

图7.52　隐藏矩形元件

（5）继续在"添加动作"下面单击"设置变量值"，将变量"flag"设置为1，如图7.53所示。

图7.53　将变量"flag"设置为1

（6）继续给"切换"按钮添加一个新的用例，设置变量"flag"等于1的条件，如图7.54所示。

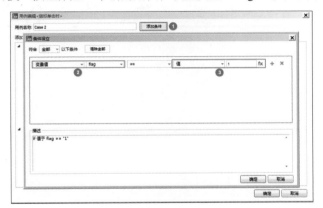

图7.54　新增条件

（7）在"用例编辑"对话框的"添加动作"下面单击"显示"，在"配置动作"下面勾选"xianshi"复选框，如图7.55所示。

图7.55　显示矩形元件

（8）继续在"添加动作"下面单击"设置变量值"，将变量"flag"设置为0，如图7.56所示。

图7.56　将变量"flag"设置为0

（9）按快捷键F8发布制作的原型，单击"显示/隐藏"按钮，实现矩形元件的显示与隐藏，如图7.57所示。

图7.57　发布制作的原型

（10）除了通过变量条件来控制元件的显示和隐藏，还可以通过元件的切换可见性来控制元件的显示和隐藏。拖曳一个HTML按钮元件到工作区，将按钮内容重新命名为"切换"，如图7.58所示。

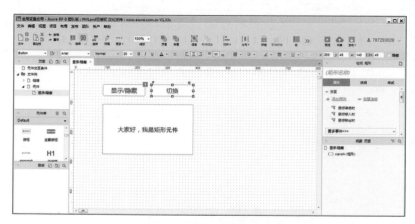

图7.58　添加切换按钮元件

（11）单击"切换"按钮，在元件交互属性区域双击"鼠标单击时"按钮，弹出"用例编辑"对话框，在"添加动作"下面单击"切换可见性"，在"配置动作"下面勾选"xianshi"复选框，如图7.59所示。

图7.59　添加切换可见性行为

（12）按快捷键F8发布制作的原型，单击"切换"按钮，实现矩形元件的显示与隐藏，如图7.60所示。

图7.60　发布制作的原型

2. 设置元件文本行为

该行为用于设置元件的文本内容。

（1）在站点地图上新建一个设置文本页面，双击设置文本页面，拖曳一个HTML按钮元件和一个矩形元件到工作区域。将HTML按钮元件内容重新命名为"设置文本"，将矩形元件的标签命名为"content"，如图7.61所示。

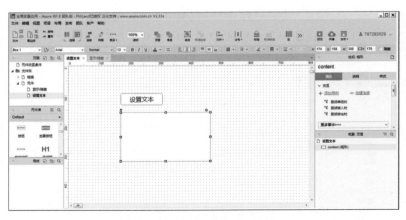

图7.61　拖曳HTML按钮元件和矩形元件

（2）单击"设置文本"按钮，在元件交互属性区域双击"鼠标单击时"按钮，弹出"用例编辑"对话框，在"添加动作"下面单击"设置文本"，在"配置动作"下面勾选"content"复选框，将文字值设置为"我是矩形元件"，如图7.62所示。

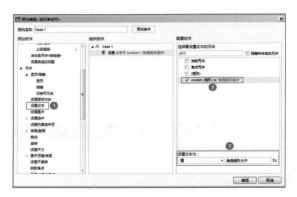

图7.62　设置文本内容

（3）按快捷键F8发布制作的原型。单击"设置文本"按钮，可以把文本内容设置到矩形元件上，如图7.63所示。

　　　　　　　　　　　　　　　　　图7.63　发布制作的原型

3. 设置元件图像行为

该行为用于设置图像默认显示图片，以及鼠标悬停、鼠标选中下重新设置图片。

（1）在站点地图上新建一个设置图像页面，单击设置图像页面，拖曳一个图片元件到工作区域，将图片的标签命名为"picture"，并用图片替换图片元件，宽度设置为400，高度设置为200，如图7.64所示。

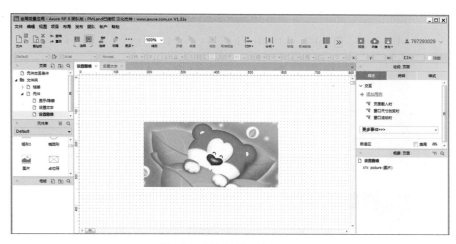

图7.64　添加图片元件

（2）单击图片元件，在元件交互属性区域双击"鼠标单击时"按钮，弹出"用例编辑"对话框。在"添加动作"下面单击"设置图片"，在"配置动作"下面勾选"Set picture"复选框，并在"配置动作"下面根据鼠标不同动作导入不同图片，如图7.65所示。

图7.65　设置鼠标不同动作显示不同图片

（3）按快捷键F8发布制作的原型。默认时、鼠标悬停时、鼠标按下时显示不同图片，分别如图7.66～图7.68所示。

图7.66　默认时图片

图7.67　鼠标悬停时图片

图7.68　鼠标按下时图片

注意：通过图7.65可以看到有个"设置面板状态功能"，此功能隶属于动态面板功能，由于动态面板元件在设计原型时使用率较为频繁，所以作者将动态面板元件的详细功能在7.3.3小节中详细介绍。

4. 设置元件选择/选中行为

该行为常用于单选按钮元件的选中与取消选中，以及复选框元件选中与取消选中状态的切换。

（1）在站点地图上新建一个设置选择/选中页面，单击设置选择/选中页面。拖曳一个单选按钮元件和一个复选框元件到工作区域，将文本内容分别重命名为"我是单选按钮""我是复选框"，将标签分别命名为"dan""shuang"。拖曳4个HTML按钮元件，将文本内容分别重命名为"选中单选按钮""切换单选按钮""选中复选框""切换复选框"，如图7.69所示。

图7.69　添加单选按钮和复选框元件

（2）单击"选中单选按钮"，在元件交互属性区域双击"鼠标单击时"按钮，弹出"用例编辑"对话框。在"添加动作"下面单击"选中"，在"配置动作"下面勾选"dan"复选框，如图7.70所示。

图7.70　设置选中单选按钮

（3）同理，单击"选中复选框"按钮，在元件交互属性区域双击"鼠标单击时"按钮，弹出"用例编辑"对话框。在"添加动作"下面单击"选中"，在"配置动作"下面勾选"shuang"复选框，如图7.71所示。

图7.71　设置选中复选框

（4）单击"切换单选按钮"按钮，在元件交互属性区域双击"鼠标单击时"按钮，弹出"用例编辑"对话框。在"添加动作"下面单击"切换选中状态"，在"配置动作"下面勾选"dan"复选框，如图7.72所示。

图7.72　设置切换单选按钮

（5）同理，单击"切换复选框"按钮，在元件交互属性区域双击"鼠标单击时"按钮，弹出"用例编辑"对话框。在"添加动作"下面单击"切换选中状态"，在"配置动作"下面勾选"shuang"复选框，如图7.73所示。

图7.73 设置切换复选框

（6）按快捷键F8发布制作的原型，单击查看制作出的效果，如图7.74所示。

图7.74 发布原型

5. 设置元件选定的列表项行为

该行为常用于下拉列表框和列表选择框，选定某个下拉项。

（1）在站点地图区域新建一个设置列表选中项页面，双击设置列表选中项页面，拖曳两个下拉列表框到工作区域。其中一个下拉列表框新增列表项有"张红""王申""孙武"，将元件标签命名为"xingming"；另一个下拉列表框新增列表项有"第一名""第二名""第三名"，将元件标签命名为"mingci"，如图7.75所示。

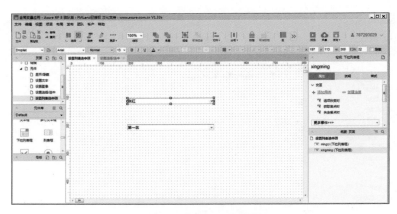

图7.75 新增两个下拉列表框

（2）单击"xingming"下拉列表框，在元件交互属性区域双击"选项改变时"按钮，弹出"用例编辑"对话框。单击"新增条件"按钮，弹出"条件设立"对话框，设置当前元件等于"张红"，如图7.76所示。

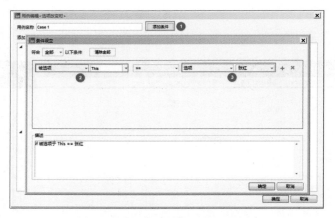

图7.76 设置当前元件等于"张红"条件

（3）单击"用例编辑"对话框"添加动作"下面的"设置列表选中项"，在"配置动作"下面勾选"mingci"复选框，选项设置为"第一名"，如图7.77所示。

图7.77 设置张红为"第一名"

（4）运用同样的方法设置王申为"第二名"，孙武为"第三名"，如图7.78所示。

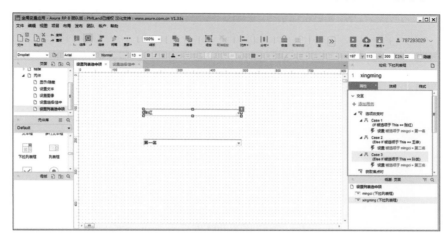

图7.78　设置王申、孙武分别为第二名和第三名

（5）按快捷键F8发布制作的原型，选择第一个下拉列表框的姓名，第二个下拉列表框会选中设定的名次，如图7.79所示。

图7.79　发布原型

6. 设置元件启用/禁用行为

在默认的情况下拖曳到工作区域中的元件是启用的，但有时需要禁用一些元件，例如复选框在某些情况下是灰色不能勾选的。该行为可以对文本框（单行）、文本框（多行）、下拉列表框、复选框、单选按钮、HTML按钮等元件设置启用或者禁用。

（1）在站点地图上新建一个启用/禁用的页面，拖曳两个HTML按钮元件，将文本内容分别重新命名为"禁用""启用"，再分别拖曳一个复选框和单选按钮元件，将标签分别命名为"shuang""dan"，如图7.80所示。

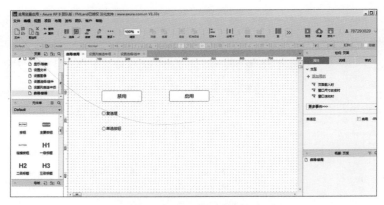

图7.80　拖曳元件到工作区域

（2）单击工作区域的"禁用"按钮，在元件交互属性区域双击"鼠标单击时"按钮，弹出"用例编辑"对话框。在"添加动作"下面单击"禁用"，在"配置动作"下面勾选"shuang"复选框和"dan"复选框，如图7.81所示。

图7.81　设置禁用按钮用例

（3）单击工作区域的"启用"按钮，在元件交互属性区域双击"鼠标单击时"按钮，弹出"用例编辑"对话框。在"添加动作"下面单击"启用"，在"配置动作"下面勾选"shuang"复选框和"dan"复选框，如图7.82所示。

图7.82　设置启用按钮用例

（4）按快捷键F8发布制作的原型，当按"禁用"按钮时复选框和单选按钮不可用，当按"启用"按钮时复选框和单选按钮可以使用，如图7.83所示。

图7.83　发布制作的原型

7.　设置元件移动行为

该行为可以设置元件的相对位置和绝对位置，以及动画效果和移动的时间。例如在有多个年份时，进行年份的选择，就可以使用移动这个行为。

（1）在站点地图上新建一个移动页面，拖曳3个矩形元件，将文本内容分别设置为"2015""2014""2013"，矩形元件的宽度设置为119，高度设置为42；拖曳一个横线元件，宽度设置为119，线宽加粗，颜色设置为绿色（#00CC00），如图7.84所示。

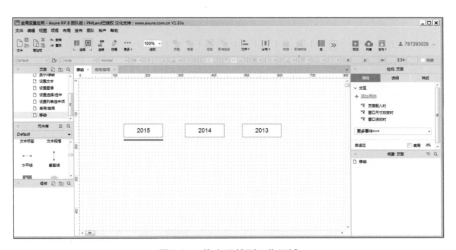

图7.84　拖曳元件到工作区域

（2）单击"2015"矩形元件，在元件交互属性区域双击"鼠标单击时"按钮，弹出"用例编辑"对话框。在"添加动作"下面选择"移动"，在"配置动作"下面勾选"水平线"复选框，并设置"绝对位置"移动，x为24，y为118，动画效果为"线性"，用时为500毫秒，如图7.85所示。

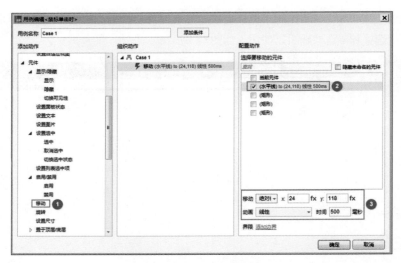

图7.85　添加2015矩形元件用例

（3）单击"2014"矩形元件，在元件交互属性区域双击"鼠标单击时"按钮，弹出"用例编辑"对话框。在"添加动作"下面选择"移动"，在"配置动作"下面勾选"水平线"复选框，并设置"绝对位置"移动，*x*为153，*y*为118，动画效果为"线性"，用时为"500"毫秒，如图7.86所示。

图7.86　添加2014矩形元件用例

（4）单击"2013"矩形元件，在元件交互属性区域双击"鼠标单击时"按钮，弹出"用例编辑"对话框。在"添加动作"下面选择"移动"，在"配置动作"下面勾选"水平线"复选框，并设置"绝对位置"移动，*x*为282，*y*为118，动画效果为"线性"，用时为"500"毫秒，如图7.87所示。

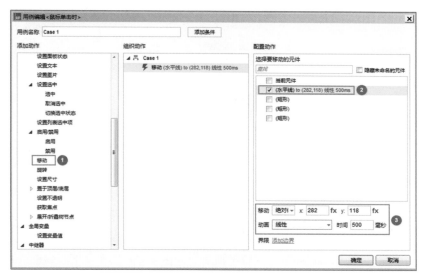

图7.87　添加2013矩形元件用例

（5）按快捷键F8发布制作的原型，单击不同的矩形元件，会发现绿色的横线元件会随着移动，如图7.88所示。

图7.88　发布制作的原型

8.　设置元件置于顶层/底层行为

该行为用于设置元件在顶层或者底层，可以达到元件的显示效果。

（1）在站点地图新建一个"置于顶层/底层"的页面，拖曳两个矩形元件，将文本内容分别为"顶层""底层"，颜色分别设置为蓝色（#009DD9）、绿色（#00CC00），将标签内容分别设置为"dingceng""diceng"；拖曳一个HTML按钮元件，将按钮元件内容重新命名为"置于顶层"，如图7.89所示。

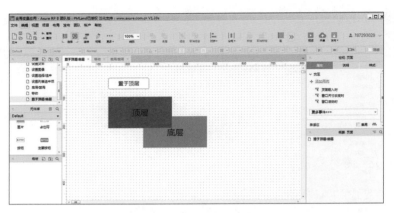

图7.89　拖曳元件到工作区域

（2）单击"置于顶层"按钮，在元件交互属性区域双击"鼠标单击时"按钮，弹出"用例编辑"对话框。在"添加动作"下面单击"置于顶层"，在"配置动作"下面勾选"diceng"复选框，把底层的矩形元件置于顶层，如图7.90所示。

图7.90　单击"置于顶层"按钮添加用例

（3）按快捷键F8发布制作的原型，按"置于顶层"按钮可以把底层矩形放置在上面，如图7.91所示。

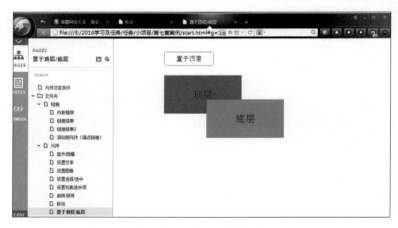

图7.91　发布制作的原型

9.　设置元件的获得焦点和展开/折叠树节点行为

获得焦点常用于文本框（单行）、文本框（多行），展开/折叠树节点常用于折叠或者展开树形结构，如图7.92所示。

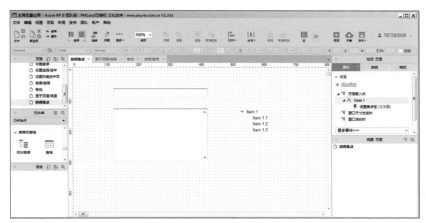

图7.92　获得焦点元件和树形元件

7.3.3　动态面板深入使用

动态面板的交互行为包括设置动态面板的显示、隐藏，以及设置动态面板的显示效果，同时可以设置动态面板的大小。动态面板可以使原型的交互效果更真实，体验度更好。下面通过一个例子来演示二级菜单的显示隐藏效果，从而体验动态面板的神奇效果。

（1）设置一个全局变量"status"，默认值为0，在站点地图上新建一个动态面板的页面，如图7.93所示。

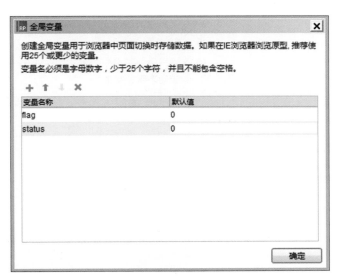

图7.93　新建页面和全局变量

（2）拖曳一个横向菜单元件和一个动态面板元件，并把动态面板元件的标签命名为"menu"，如图7.94所示。

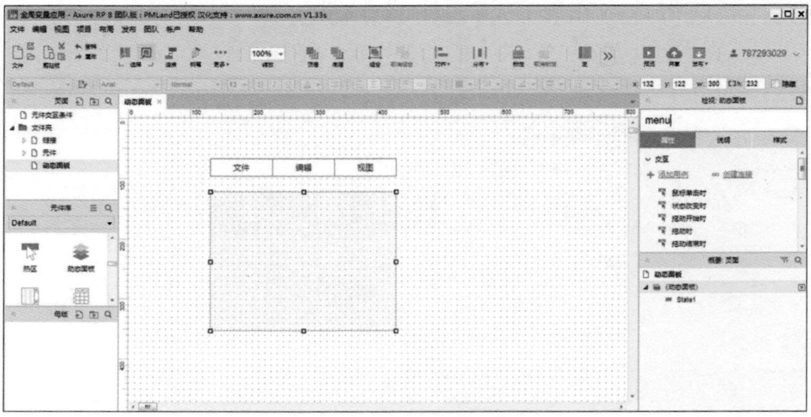

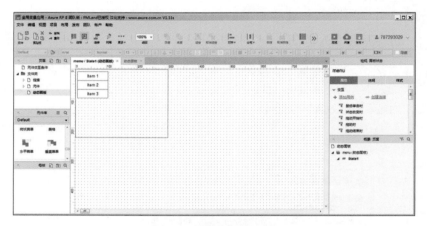

图7.94　拖曳元件到工作区域

（3）双击动态面板，进入动态面板状态页面，拖曳一个纵向菜单到动态面板状态页面，如图7.95所示。

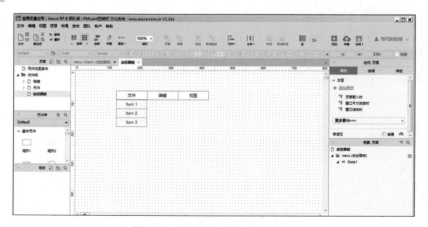

图7.95　编辑动态面板内容

（4）在动态面板上单击鼠标右键，将其自动调整为内容尺寸，让动态面板和内容相匹配，如图7.96所示。

图7.96　调整动态面板以适合内容

（5）将二级菜单隐藏起来，待单击一级菜单时才显示二级菜单，如图7.97所示。

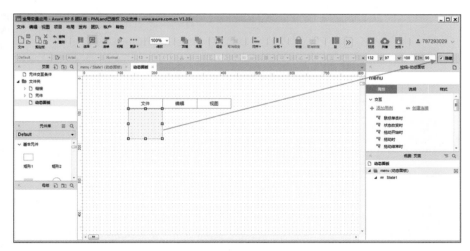

图7.97　隐藏动态面板

（6）单击"File"菜单，在元件交互属性区域双击"鼠标单击时"按钮，弹出"用例编辑"对话框。单击"新增条件"按钮，设置判断变量status等于0，如图7.98所示。

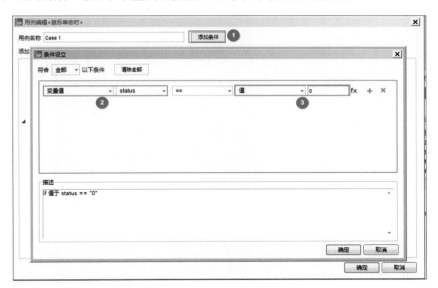

图7.98　新增条件

（7）在"添加动作"下面单击"设置面板状态"，在"配置动作"下面勾选"Setmenu"复选框，设置动态面板状态为"State1"，如图7.99所示。

图7.99　设置动态面板状态

（8）在"添加动作"下面单击"显示"，在"配置动作"下面勾选"menu"复选框，设置动态面板状态为"State1"，如图7.100所示。

图7.100　显示动态面板

（9）在"添加动作"下面单击"设置变量值"，将变量status的值设置为1，如图7.101所示。

图7.101　变量值设置为1

（10）在File菜单新增一个用例，在元件交互属性区域双击"鼠标单击时"按钮，弹出"用例编辑"对话框，在"添加动作"下面单击"隐藏"，在"配置动作"下面勾选"menu"复选框，如图7.102所示。

图7.102　隐藏动态面板

（11）在"添加动作"下面单击"设置变量值"，将变量status的值设置为0，如图7.103所示。

图7.103　变量值设置为0

（12）按快捷键F8发布制作的原型。单击File一级菜单，可以显示二级菜单；再次单击File一级菜单，可以隐藏二级菜单，即实现了二级菜单的显示、隐藏效果，如图7.104所示。

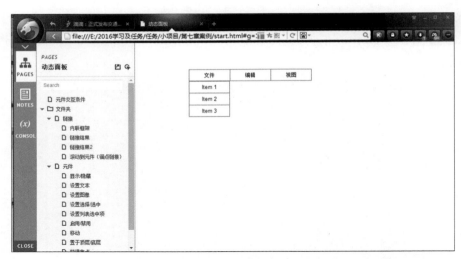

图7.104　发布原型

7.3.4　中继器：动态操作数据

中继器的交互行为可以实现对数据的增加、删除、修改、查询等功能，模拟真实系统的数据库操作，进一步加强交互效果，给用户最真实的系统使用体验。下面通过对用户信息进行增加、删除、修改以及查询用户信息（包括ID、登录名、密码、姓名、部门、职位）的操作，来进一步加深对中继器的使用。该操作包括：将数据绑定到中继器操作、中继器新增数据操作、设置数据页码操作、修改数据操作、行内删除数据操作、全局删除数据操作、查询数据记录操作。

1.　将数据绑定到中继器操作

（1）在站点地图上新建一个"中继器"页面，拖曳一个横向菜单，在最后一个的菜单上单击鼠标右键，在右键菜单中选择"后方添加菜单项"命令，新增3个同样的菜单，如图7.105所示。

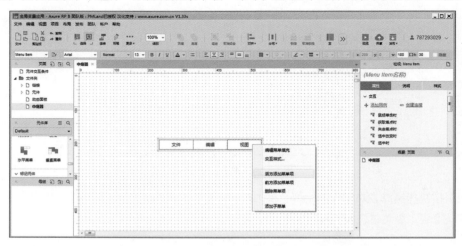

图7.105　新增菜单项

（2）清空第一个菜单内容，拖曳一个复选框元件到第一个菜单里，设置文本内容为"全选"，标签内容为"外置复选框"，剩下的菜单内容重新命名为"ID""登录名""密码""姓名""操作"，并将菜单背景色设置为灰色（#CCCCCC），如图7.106所示。

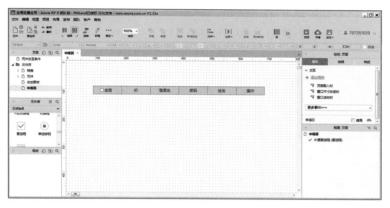

图7.106　重新命名菜单名称

（3）拖曳一个中继器元件到工作区域，在元件交互属性区域中，将中继器标签命名为"用户信息"，如图7.107所示。

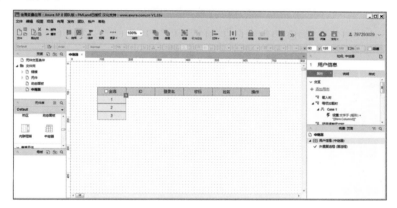

图7.107　拖曳中继器到工作区域

（4）双击中继器元件，会进入中继器编辑区，编辑区默认是一个矩形框，因此要选中矩形框将其删除。拖曳一个表格元件到工作区域，默认表格会有三行，需要删掉两行，并在表格上右击，在右键菜单中选择"插入列"命令来新增散列。在剩余的一行里，拖曳一个复选框元件到第一列，设置复选框元件内容为"选中"，复选框标签名称为"内置复选框"，如图7.108所示。

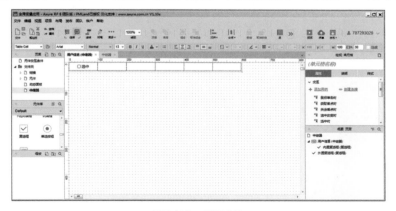

图7.108　新增表格

（5）拖曳两个标签元件到表格的最后一列，将文本内容重新命名为"修改""删除"，并设置菜单背景色为蓝色（#0000FF），把每一列的标签分别命名为"复选框列""ID列""登录名列""密码列""姓名列""操作列"，如图7.109所示。

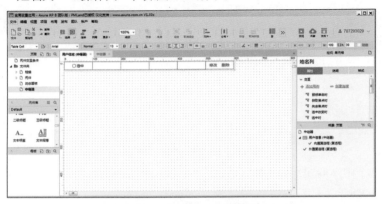

图7.109　新增"修改""删除"按钮

（6）在中继器数据集中新增5条数据，作为默认显示数据，如图7.110所示。

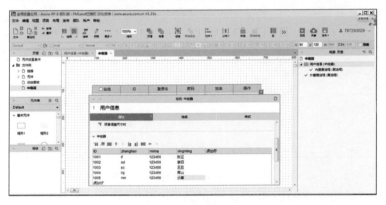

图7.110　新增5条数据

（7）将新增的5条数据绑定到中继器，在元件交互属性区域双击每项加载时的"Case 1"进行用例编辑，如图7.111所示。

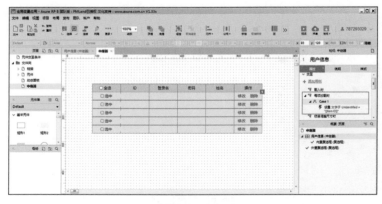

图7.111　进行用例编辑

（8）在弹出的"用例编辑"对话框中，在"配置动作"下面勾选"ID列"复选框，再单击"配置动作"下面的"fx"，如图7.112所示。

图7.112　设置ID列

（9）在弹出的"编辑文本"对话框中，单击"插入变量或函数"，在"中继器/数据集"下面单击"[[Item.ID]]"，这样ID列数据就绑定完毕，如图7.113所示。

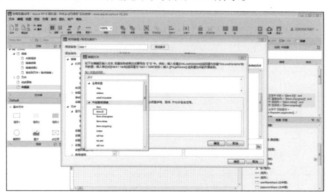

图7.113　绑定ID列数据

（10）运用同样的方法将登录名列、密码列、姓名列数据进行绑定，如图7.114所示。

图7.114　绑定其他列数据

（11）在站点地图上单击"中继器"页面，会发现数据已经绑定到中继器，如图7.115所示。

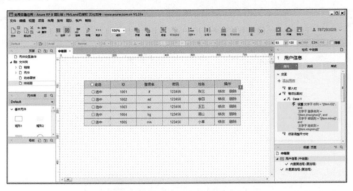

图7.115 显示已绑定的数据

（12）拖曳一个标签元件到工作区域，将文本内容重新命名为"登录名"，拖曳一个文本框（单行）元件到工作区域，将标签命名为"searchInput"。拖曳3个自定义形状元件，默认是圆角矩形，将文本内容分别重新命名为"搜索""新增""删除"，矩形背景设置为蓝色（#009DD9），矩形线宽设置为无，字体颜色设置为白色（#FFFFFF），如图7.116所示。

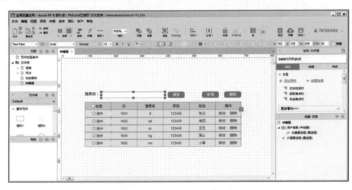

图7.116 新增操作按钮

（13）拖曳4个HTML按钮元件到工作区域，将文本内容重新命名为"首页""上一页""下一页""尾页"。拖曳一个标签元件到工作区域，将文本内容重新命名为"页码显示"，将标签元件命名为"页码显示"，如图7.117所示。

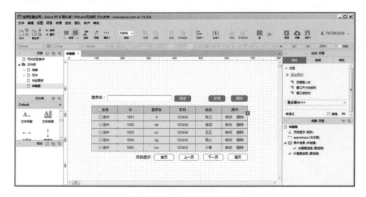

图7.117 新增页码按钮

（14）拖曳一个动态面板元件到工作区域，*x*、*y*的位置设置为（0，0），宽度设置为1200，高度设置为700。双击动态面板，在弹出的"面板状态管理"对话框中，设置动态面板名称为"遮罩层"，修改状态为"新增/修改状态"，如图7.118所示。

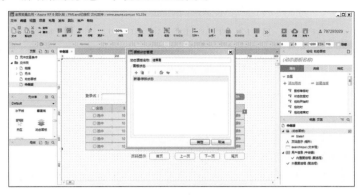

图7.118　新增动态面板

（15）进入动态面板的"新增/修改状态"的状态，在元件交互样式里将背景色设置为灰色（#CCCCCC），不透明度设置为30，如图7.119所示。

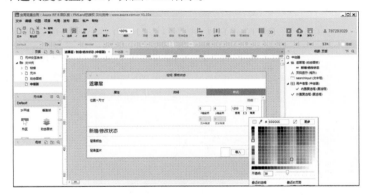

图7.119　设置动态面板背景颜色和透明度

（16）拖曳一个矩形元件到工作区域，宽度设置为500，高度设置为400，边框颜色设置蓝色（#0099FF），线宽设置为最宽。再拖曳一个矩形元件到工作区域，颜色填充为蓝色（#0099FF），线宽设置为无，如图7.120所示。

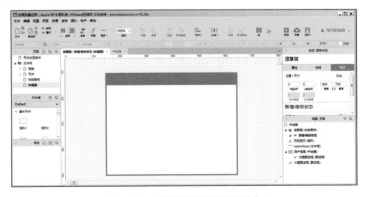

图7.120　设置新增/修改页面边框

（17）拖曳一个标题2元件到工作区域，将文本内容重新命名为"用户信息管理"，字号设置为20，字体颜色设置为白色（#FFFFFF）。拖曳一个标签元件到工作区域，将文本内容重新命名为"关闭"，字号设置为16，字体颜色设置为白色（#FFFFFF），如图7.121所示。

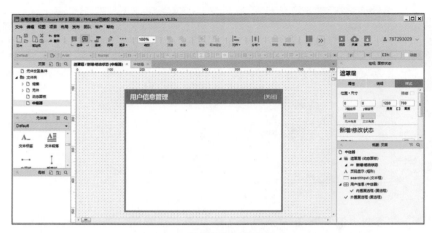

图7.121　新增页面标题信息

（18）首先拖曳4个标签元件到工作区域，将文本内容分别命名为"ID""登录名""密码""姓名"，字号设置为16，字体加粗。其次拖曳4个标签元件，将文本内容都命名为"*"，字号设置为16，字体颜色设置为红色（#FF0000）。再次拖曳4个文本框（单行）元件到工作区域，将标签分别命名为"idInput""loginNameInput""passwordInput""userNameInput"。然后拖曳两个自定义形状按钮组件到工作区域，将按钮填充为蓝色（#0099FF），将文本内容分别命名为"保存""取消"，字体颜色设置为白色（#FFFFFF）。最后拖曳一个标签元件到工作区域，清空文本内容，将标签命名为"tip"，作为表单验证提示信息，如图7.122所示。

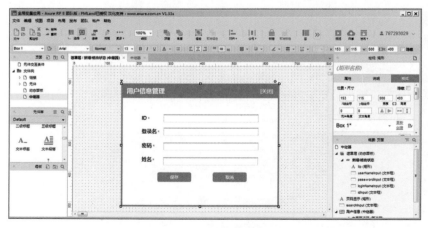

图7.122　新增页面表单信息

（19）单击站点地图上的"中继器"页面，将用户信息动态面板设置为隐藏，并且置于最底层，如图7.123所示。

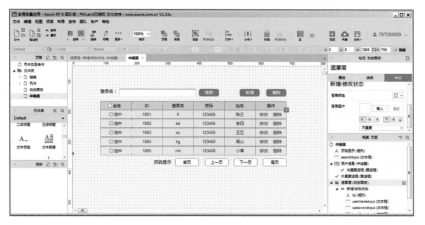

图7.123 隐藏用户信息动态面板

2. 中继器新增数据操作

（1）新增一个全局变量，设置变量名为"addOrUpdate"，默认值为0，代表新增操作，如图7.124所示（如果值为1，代表修改操作）。

（2）单击"新增"按钮，在元件交互属性区域双击"鼠标单击时"按钮，弹出"用例编辑"对话框。在"添加动作"下面单击"显示"，在"配置动作"下面勾选"遮罩层"复选框。如图7.125所示。再在"添加动作"下面单击"置于顶层"，在"配置动作"下面勾选"遮罩层"复选框，如图7.126所示。

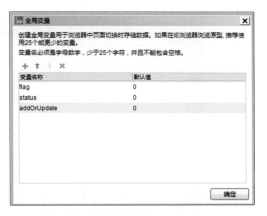

图7.124 新增全局变量addOrUpdate

图7.125 显示遮罩层

图7.126　遮罩层置于顶层

（3）按快捷键F8进行原型发布，单击"新增"按钮，新增页面弹出，如图7.127所示。

图7.127　新增页面弹出

　　（4）进入用户信息动态面板的"新增/修改状态"，单击"关闭"按钮，在元件交互属性区域双击"鼠标单击时"按钮。弹出"用例编辑"对话框。在"添加动作"下面单击"隐藏"，在"配置动作"下面勾选"遮罩层"复选框；再次单击"添加动作"下面的"置于底层"，在"配置动作"下面勾选"遮罩层"复选框。最后单击"添加动作"下面的设置文本，在"配置动作"下面勾选"idInput"复选框、"loginNameInput"复选框、"passwordInput"复选框、"userNameInput"复选框，在表单关闭时清空文本框里的内容。在"添加动作"下面单击设置文本，在"配置动作"下面勾选"tip"复选框，如图7.128所示。

图7.128　关闭按钮添加用例

（5）单击鼠标右键复制"关闭"按钮的用例，单击"取消"按钮，在元件交互属性区域上单击"鼠标单击时"按钮，单击鼠标右键粘贴用例，按快捷键F8发布制作的原型，会发现"关闭"按钮和"取消"按钮功能一致，如图7.129所示。

图7.129 新增"关闭"和"取消"按钮用例

（6）单击"保存"按钮，在元件交互属性区域双击"鼠标单击时"按钮，弹出"用例编辑"对话框。单击"新增条件"按钮，弹出"条件设立"对话框，选择符合"任何"以下条件，新增4个输入框为空条件，如图7.130所示。

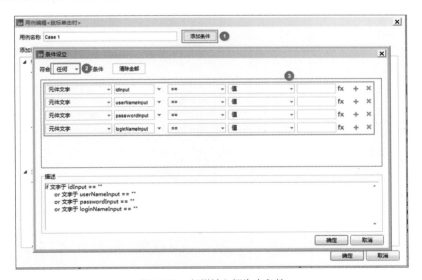

图7.130 新增输入框为空条件

（7）在"用例编辑"对话框中，在"添加动作"下面单击"设置文本"，在"配置动作"下面勾选"tip"复选框，值里输入"带*项为必填项，请重新填写!!!"，如图7.131所示。

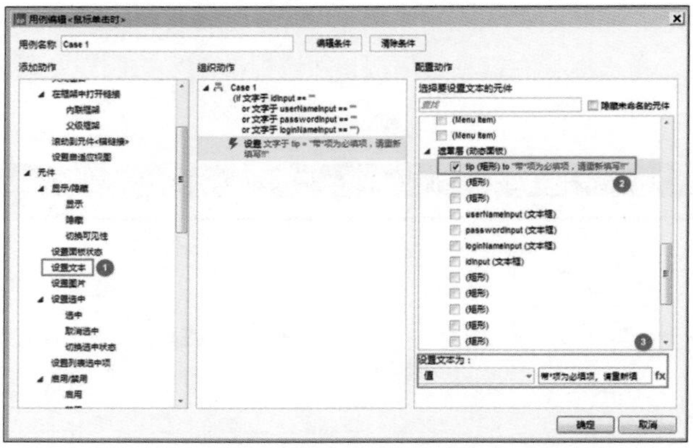

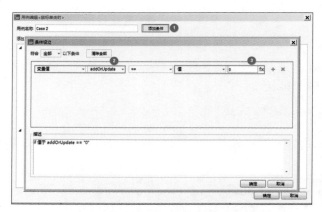

图7.131　新增输入框为空提示信息

（8）单击"保存"按钮，在元件交互属性区域双击"鼠标单击时"按钮，弹出"用例编辑"对话框。单击"新增条件"按钮，弹出"条件设立"对话框，设置变量值addOrUpdate等于0条件，如图7.132所示。

图7.132　设置变量addOrUpdate等于0条件

（9）在"用例编辑"对话框中，在"添加动作"下面单击"添加行"，在"配置动作"下面勾选"用户信息"复选框，然后单击"添加行"按钮，如图7.133所示。

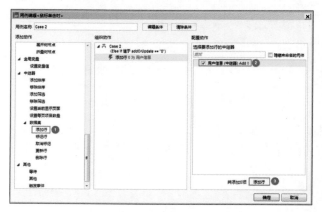

图7.133　添加行用例

（10）单击"添加行"按钮后，弹出"添加行到中继器"对话框，在ID列单击"fx"，弹出"编辑值"对话框，新增局部变量，变量值为idInput输入框里的值，再插入局部变量，如图7.134所示。

图7.134　ID列插入值

（11）运用同样的方法，设置其他三列的值，如图7.135所示。

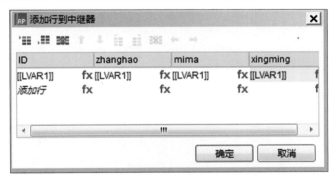

图7.135　设置其他三列的值

（12）设置当前显示页面为Last页，如图7.136所示。

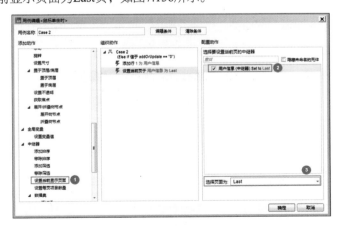

图7.136　设置当前显示页面为Last页

（13）在"用例编辑"对话框中，在"添加动作"下面单击"隐藏"，在"配置动作"下面勾选"遮罩层"复选框；再次在"添加动作"下面单击"置于底层"，在"配置动作"下面勾选"遮罩层"复选框。将遮罩层隐藏起来并且置于底层，如图7.137所示。

图7.137　遮罩层隐藏并且置于底层

（14）在"用例编辑"对话框中，在"添加动作"下面单击"设置文本"，在"配置动作"下面勾选"idInput""loginNameInput""passwordInput""userNameInput"复选框，将输入框里的值设置为空，如图7.138所示。

图7.138　将输入框里的值设置为空

（15）按快捷键F8发布制作的原型，单击"新增"按钮，在用户信息管理页面中，当输入框未输入任何值时，单击"保存"按钮，会有提示信息显示，如图7.139所示。

图7.139　未输入时提示信息

（16）新增一条用户信息，输入"ID""登录名""密码"和"姓名"，最后单击"保存"按钮，如图7.140所示。

图7.140　新增一条记录

3. 设置数据页码操作

（1）进入用户信息中继器，在元件属性样式里，设置每页显示5条记录，如图7.141所示。

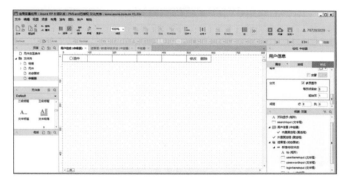

图7.141　设置每页显示5条数据

（2）进入用户信息中继器，在元件交互属性区域双击"Case 1"，会进入"用例编辑"对话框。在"添加动作"下面单击"设置文本"，在"配置动作"下面勾选"页码显示"复选框，如图7.142所示。

图7.142　设置页码显示

（3）单击"fx"，进入"编辑文本"对话框，单击"插入变量"，插入当前页码、总页码以及总条数，如图7.143所示。

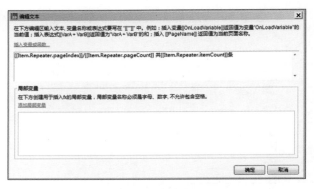

图7.143　插入页码

（4）按快捷键F8发布制作的原型，新增一条用户信息，每页显示5条数据，页码显示有所变化，如图7.144所示。

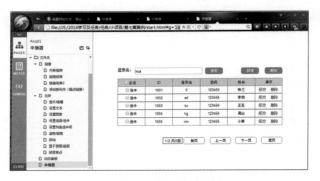

图7.144　分页显示数据

（5）给"首页""上一页""下一页""尾页"按钮添加交互行为。在站点地图上单击"中继器"页面，单击"首页"按钮，在元件交互属性区域双击"鼠标单击时"按钮，设置当前显示页面为1页，如图7.145所示。运用同样的方法设置"上一页""下一页""尾页"按钮交互行为，如图7.146～图7.148所示。

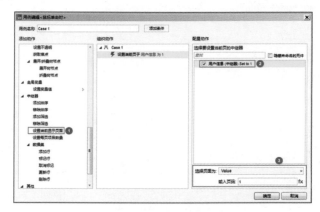

图7.145　设置"首页"按钮

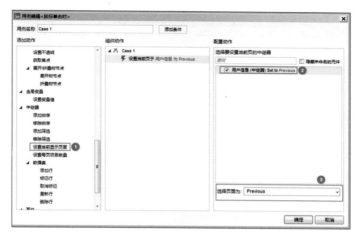

图7.146 设置"上一页"按钮

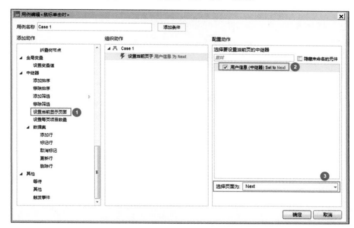

图7.147 设置"下一页"按钮

图7.148 设置"尾页"按钮

（6）按快捷键F8发布制作的原型，新增一条记录，单击"下一页"按钮，进入到下一页，如图7.149所示。

135

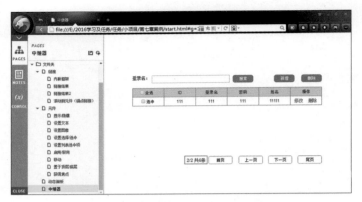

图7.149　单击"下一页"按钮

4. 修改数据操作

（1）进入用户信息中继器里，单击"修改"，在元件交互属性区域双击"鼠标单击时"按钮，进入"用例编辑"对话框，设置遮罩层显示并且置于顶层，如图7.150所示。

图7.150　遮罩层显示并置于顶层

（2）将原始数据值加载到修改输入框，在"添加动作"下面单击"设置文本"，在"配置动作"下面勾选"idInput"复选框，单击"fx"，将ID值加载到输入框，如图7.151～图7.154所示。

图7.151　"ID"列值加载到输入框

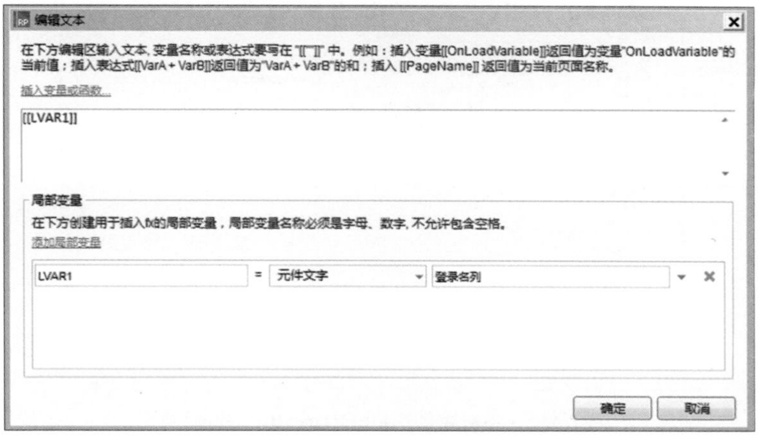

图7.152 "登录名"列值加载到输入框

图7.153 "密码"列值加载到输入框

图7.154 "姓名"列值加载到输入框

（3）设置变量"addOrUpdate"的变量值为1，如图7.155所示。

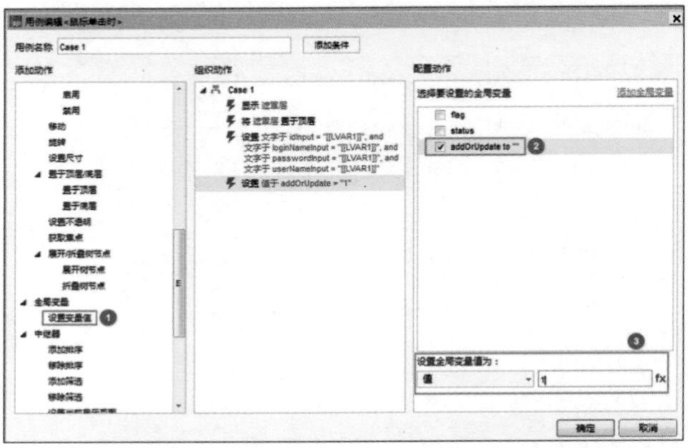

图7.155　设置变量"addOrUpdate"的值为1

（4）将修改的这一行设置为标记行，在"添加动作"下面单击"标记行"，在"配置动作"下面勾选"用户信息"复选框，如图7.156所示。

图7.156　标记修改行

（5）在"新增/修改状态"页面，单击"保存"按钮，在元件交互属性区域双击"鼠标单击时"按钮，弹出"用例编辑"对话框，单击"新增条件"按钮，判断变量addOrUpdate等于1的条件，如图7.157所示。

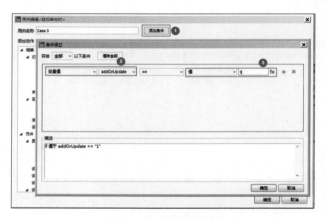

图7.157　设置修改条件

（6）在"添加动作"下面单击"更新行"，在"配置动作"下面勾选"用户信息"复选框，勾选"已标记"单选按钮，如图7.158所示。

图7.158　设置更新行

（7）选择列下拉框为"ID值"，单击"fx"，将ID输入框里值保存到中继器，如图7.159所示。

图7.159　将ID值保存到中继器里

（8）运用同样的方法把"loginName""password""userName"列的值保存到中继器，如图7.160所示。

图7.160　将loginName、password、userName值保存到中继器里

（9）隐藏遮罩层，并且将遮罩层置于底层。取消标记行，并且将变量"addOrUpdate"的值设置为0，如图7.161所示。

图7.161　将变量"addOrUpdate"值设置为0

（10）在"添加动作"下面单击"设置文本"，在"配置动作"下面勾选"idInput""loginNameInput""passwordInput""userNameInput"复选框，将输入框里的值设置为空，如图7.162所示。

图7.162　将输入框里的值设置为空

（11）按快捷键F8发布制作的原型，单击某一行的修改按钮，可以将数据记录进行修改，如图7.163所示。

图7.163　修改第一列的值

5. 行内删除数据操作

（1）双击用户信息"中继器"，进入中继器编辑区，单击"删除"按钮，在元件交互属性区域双击"鼠标单击时"，弹出"用例编辑"对话框，在"添加动作"下面单击"删除行"，在"配置动作"下面勾选"用户信息"复选框，如图7.164所示。

图7.164 设置删除操作

（2）按快捷键F8发布制作的原型，单击行内"删除"按钮，可以删除数据记录，如图7.165所示。

图7.165 删除第二行数据

6. 全局删除数据操作

（1）在站点地图上单击"中继器"页面，单击页面中的"全选"复选框，在元件交互属性区域双击"选中状态改变时"按钮，弹出"用例编辑"对话框，单击"新增条件"按钮，新增选中状态为true时的条件，如图7.166所示。

（2）在"用例编辑"对话框的"添加动作"下面单击"选中"，在"配置动作"下面勾选"内置复选框"复选框，如图7.167所示。

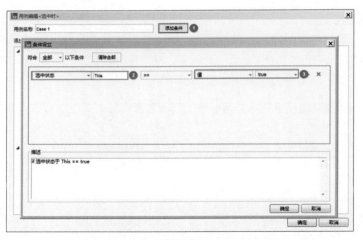

图7.166　新增选中状态值为true时的条件

图7.167　选中内置复选框

（3）新增选中状态为false时的条件，如图7.168所示。

图7.168　新增选中状态为false时的条件

（4）设置内置复选框为取消选中状态，如图7.169所示。

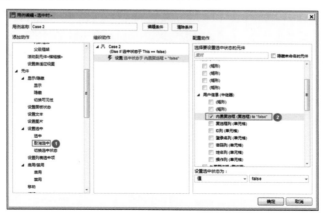

图7.169　设置内置复选框为取消选中状态

（5）双击进入用户信息中继器，单击"选中"复选框，在元件交互属性区域双击"选中状态改变时"，弹出"用例编辑"对话框。新增条件选中状态改变时为true，如图7.170所示。

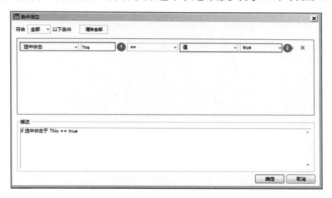

图7.170　新增条件选中状态改变时为true

（6）在"用例编辑"对话框中，在"添加动作"下面单击"标记行"，在"配置动作"下面勾选"用户信息"复选框，如图7.171所示。

图7.171　标记当前行

（7）双击进入用户信息中继器，单击"选中"复选框，在元件交互属性区域双击"选中状态改变时"，弹出"用例编辑"对话框。新增条件选中状态改变时为false，如图7.172所示。

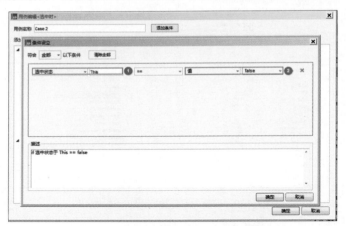

图7.172　新增条件选中状态改变时为false

（8）在"用例编辑"对话框中，在"添加动作"下面单击"取消标记行"，在"配置动作"下面勾选"用户信息"复选框，如图7.173所示。

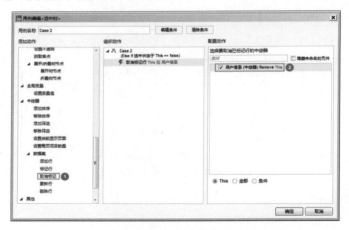

图7.173　取消标记行

> 注意：标记行常用于标记要操作的行数据，可以标记要删除和要修改的行数据。

（9）在站点地图的"中继器"页面上双击，进入"中继器"页面，单击"删除"按钮，在元件交互属性区域双击"鼠标单击时"按钮，弹出"用例编辑"对话框。在"添加动作"下面单击"删除行"，在"配置动作"下面勾选"用户信息"复选框，选中"已标记"单选按钮，如图7.174所示。

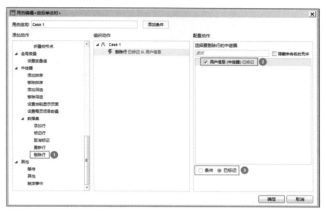

图7.174 添加删除用例

（10）按快捷键F8发布制作的原型，单击复选框，可以选中要删除的行数据，单击"删除"按钮，可以删除选中的行数据，如图7.175所示。

图7.175 删除行数据

7. 查询数据记录操作

（1）在站点地图的"中继器"页面上单击鼠标左键，进入"中继器"页面，单击"搜索"按钮，在元件交互属性区域双击"鼠标单击时"按钮，弹出"用例编辑"对话框。在"添加动作"下面单击"添加筛选"，在"配置动作"下面勾选"用户信息"复选框，如图7.176所示。

图7.176 设置搜索用例

（2）单击"fx"，弹出"编辑值"对话框，在对话框中新增搜索输入框的局部变量和插入变量，如图7.177所示。

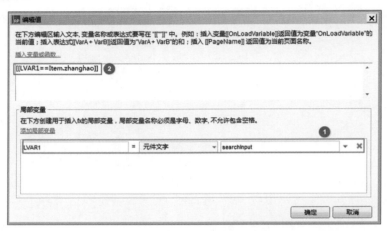

图7.177　设置检索规则

（3）按快捷键F8发布制作的原型，在搜索框里输入"kg"的搜索条件，单击"搜索"按钮，搜索出想要的结果，如图7.178所示。

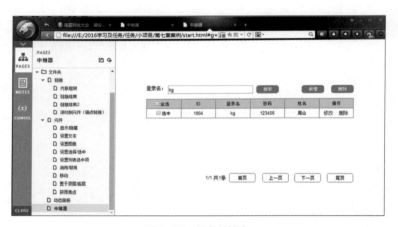

图7.178　按条件搜索

通过逐步演示中继器的数据绑定操作、新增数据操作、修改数据操作、删除数据操作以及搜索数据操作，使我们掌握了中继器的使用，同时也让我们感受到了高级交互效果，模拟数据库的增删改查操作，大大提高用户的体验度。

7.4　案例："百度"登录的交互设计

经过对Axure RP 8的使用，站点地图的学习，以及元件区域、中继器和元件交互的介绍，可以制作出完美的动态原型。下面通过制作百度登录的原型设计深入学习使用Axure RP 8原型制作工具、站点地图、元件交互的精髓。

7.4.1 分析百度登录界面

百度登录框的宽度为394，高度为426，背景为白色。百度登录页面主要有两个输入框和一个登录按钮，一个下次自动登录的复选框，还有忘记密码、立即注册的链接，同时还提供其他方式登录到百度的方式，如图7.179所示。

图7.179　百度登录框

7.4.2 制作百度登录原型

（1）新建一个原型工程，将其命名为"百度登录原型制作"，并将站点地图的页面重新命名为"百度登录"，如图7.180所示。

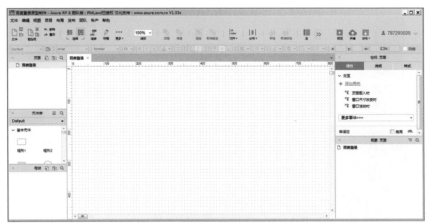

图7.180　新建百度登录原型制作工程

（2）拖曳一个矩形元件，宽度设置为394，高度设置为426，作为登录框的背景。再拖曳一个矩形元件，宽度设置为394，高度设置为47，颜色填充为灰色（#F7F7F7），作为顶部的灰色背景，并把灰色条背景的边框设置为无，按照图7.181所示的位置摆放。

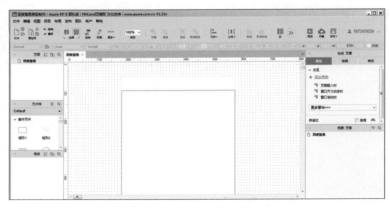

图7.181　设置登录框和灰色条

（3）灰色背景条上有百度的小Logo、登录百度账号和关掉登录框的X形图片。拖曳一个图片元件到工作区域，宽度设置为31，高度设置为34；拖曳一个标签元件到工作区域，重新命名为"登录百度账号"，字体设置为微软雅黑，字号设置为16；再拖曳一个图片元件到工作区域，宽度设置为29，高度设置27，如图7.182所示。

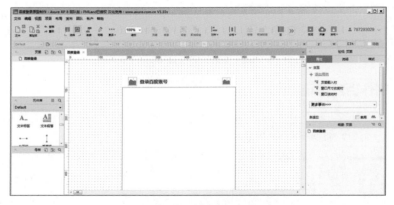

图7.182　登录框灰色条设计

（4）在百度登录页面截一个登录Logo的图，再截一个关闭登录框的X形图片，替换工作区域的图片元件，如图7.183所示。

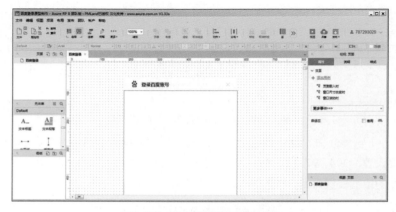

图7.183　真实图片替换图片元件

（5）拖曳两个文本框（单行）到工作区域，宽度设置为350，高度设置为42，如图7.184所示。

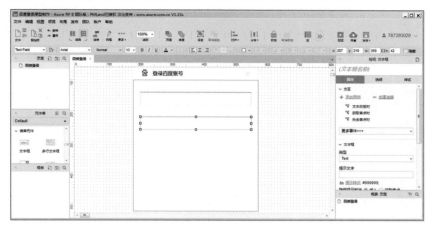

图7.184　拖曳两个文本框（单行）

（6）在用户名的输入框里加上用户名图标和手机/邮箱/用户名的文本文字。首先拖曳一个图片元件放在用户名输入框内，作为用户名图标，宽度设置为26，高度设置为28，然后用从百度登录框上截取的用户名图标替换图片元件。拖曳一个标签元件到用户名输入框内，重新命名为"手机/邮箱/用户名"，字号设置为14，字体颜色设置为灰色（#CCCCCC），如图7.185所示。

图7.185　制作用户名图标和用户名文字

（7）用处理用户名的方式处理密码。首先拖曳一个图片元件到密码输入框内，作为密码图标，宽度设置为23，高度设置为28。然后用从百度登录框上截取的密码图标替换图片元件。拖曳一个标签元件到密码输入框内，重新命名为"密码"，字号设置为14，字体颜色设置为灰色（#CCCCCC），如图7.186所示。

图7.186　制作密码图标和密码文字

（8）拖曳一个自定义形状组件到工作区域，宽度设置为350，高度设置48，作为百度的登录按钮，现在登录按钮是白色，而百度原图登录按钮是蓝色（#3F89EC），Axure RP 8 有颜色选择器功能，可以填充一样的颜色。截取百度原图上的登录按钮，复制到工程里面。选择待填充的矩形组件登录按钮，打开工具栏上添加背景色的按钮，单击颜色选择器的取色图标，在复制的登录按钮上单击鼠标左键，会发现矩形组件变蓝，如图7.187和图7.188所示。

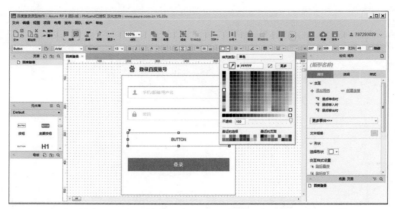

图7.187　颜色选择器

图7.188　自定义形状元件填充背景色

（9）单击鼠标右键剪切复制的用于颜色取样的登录图片。把登录按钮的文本重新命名为"登录"，字号设置为18，字体颜色为白色，字体系列设置为微软雅黑，如图7.189所示。

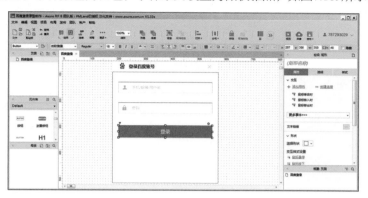

图7.189　重新命名"登录"按钮

（10）拖曳一个复选框元件，重新命名为"下次自动登录"，默认状态是选中状态。在站点地图上新增两个页面，一个命名为"忘记密码"，一个命名为"立即注册"。拖曳两个标签元件，分别命名为"忘记密码"和"立即注册"。选中"忘记密码"标签元件，添加链接，链接到站点地图上新建的"忘记密码"页面，如图7.190所示。对于"立即注册"添加链接也是同样的操作，如图7.191所示。

图7.190　"忘记密码"添加链接

图7.191　"立即注册"添加链接

（11）百度登录原图的登录按钮下面有一条灰色的横线和其他登录方式的链接。拖曳横线元件到工作区域，颜色设置为紫色（#CCCCFF）。拖曳标签元件到工作区域，重新命名为"可以使用下列方式登录"，如图7.192所示。

图7.192　添加其他登录方式文本

（12）拖曳3个图片元件到工作区域，作为其他登录方式的链接。从百度登录框中截取这3种登录方式的图片，替换工程里的图片元件，如图7.193所示。

图7.193　添加其他登录方式图标

（13）在百度登录框的右下角有二维码的链接。拖曳一个图片元件到工作区域，从百度登录框内截图二维码，替换图片元件，如图7.194所示。

图7.194　添加二维码图标

（14）去掉背景图上的边框线，设置为白色。在元件属性样式里设置为居中，背景色设置为灰色（#CCCCCC），如图7.195所示。

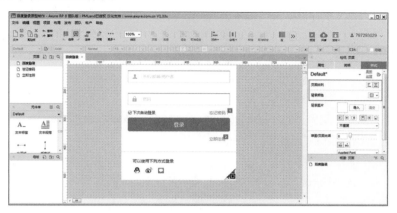

图7.195　设置页面样式

（15）按快捷键F8发布百度登录原型，生成没有交互效果的网页登录框，如图7.196所示。

图7.196　发布百度登录原型

注意：我们利用站点地图、元件区域里的各种元件以及工具栏的各种功能按钮，制作出了百度登录原型软件。通过制作百度登录原型的实战，我们了解各个元件的使用方法和组合使用，配合工具栏上的功能按钮，可以制作出和百度登录框一模一样的原型。

7.4.3　用户名输入框聚焦后用户名图标和输入框的边框变成蓝色

上一节制作了百度登录原型，但是没有添加交互效果，在本节的实战中会添加交互效果，包括以下8个部分。

（1）用户名输入框获得光标后，输入框会变成蓝色边框。

（2）用户名输入框获得光标后，用户图标变成蓝色。

（3）密码输入框获得光标后，输入框会变成蓝色边框。

（4）密码输入框获得光标后，密码图标变成蓝色。

（5）当用户名未输入时，单击"登录"按钮，会有"请您填写手机/邮箱/用户名"红色提示信息。

（6）当密码未输入时，单击"登录"按钮，会有"请您填写密码"红色提示信息。

（7）当输入用户名为"Axure"，密码为"123456"时，模拟登录成功，跳转到新的一个页面，页面内容为"Axure欢迎您"。

（8）当输入的用户名和密码不匹配时，单击"登录"按钮，会有"您输入的账号或密码有误，忘记密码？"提示信息，并且清空密码框里的内容。

（1）打开上一节实战中的"百度"登录原型制作，拖曳一个矩形组件到工作区域，放置在用户名输入框的外面并置于底层，边框设置为蓝色（#0099FF），将标签命名为"uout"，如图7.197所示。

图7.197　用户名输入框外边框设置蓝色

（2）隐藏蓝色边框矩形组件，拖曳一个文本框（单行）输入框到工作区域，将标签命名为"userNameInput"，将文本框（单行）下移一层，如图7.198所示。

图7.198　用户名输入框

（3）单击"userNameInput"输入框，单击鼠标右键隐藏边框，将用户名输入框的边框隐藏起来，如图7.199所示。

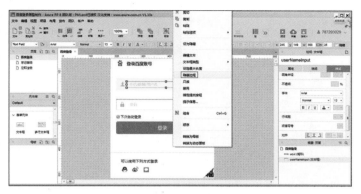

图7.199　隐藏用户名输入框边框

（4）拖曳一个图片组件到工作区域，双击图片组件，替换用户名蓝色图片，将标签命名为"uicon"，如图7.200所示。

图7.200　光标聚焦时用户名图片

（5）将uicon图片组件隐藏起来，单击userNameInput文本输入框组件，在元件交互属性区域双击"获取焦点时"按钮，弹出"用例编辑"对话框，在"添加动作"下面单击"显示"，在"配置动作"下面勾选"uout"复选框和"uicon"复选框，如图7.201所示。

图7.201　光标聚焦时显示蓝色边框和用户名蓝色图标

（6）添加userNameInput用户名输入框失去焦点时用例，隐藏输入框的蓝色边框和用户名蓝色图标，如图7.202所示。

图7.202　光标失去焦点时隐藏蓝色边框和用户名蓝色图标

7.4.4　密码输入框聚焦后密码图标和输入框的边框变成蓝色

（1）拖曳一个矩形元件到工作区域，放置在用户名输入框的外面并置于底层，边框设置为蓝色（#0099FF），标签命名为"pout"，如图7.203所示。

图7.203　密码输入框外边框设置蓝色

（2）隐藏蓝色边框矩形元件，拖曳一个文本框（单行）输入框到工作区域，标签命名为"passwordInput"，将文本框（单行）下移一层，如图7.204所示。

图7.204 密码输入框

（3）单击passwordInput输入框，单击鼠标右键隐藏边框，将密码输入框的边框隐藏起来，如图7.205所示。

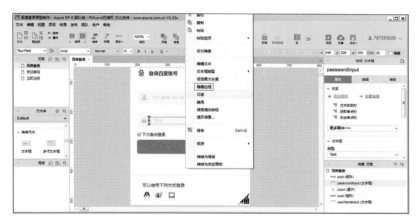

图7.205 隐藏密码输入框边框

（4）拖曳一个图片元件到工作区域，双击图片元件，替换密码蓝色图片，将标签命名为"picon"，如图7.206所示。

图7.206 光标聚焦时密码图标

（5）将picon图片元件隐藏起来，单击passwordInput文本输入框元件，在元件交互属性区域双击"获取焦点时"按钮，弹出"用例编辑"对话框，在"添加动作"下面单击"显示"，在"配置动作"下面勾选"pout"复选框和"picon"复选框，如图7.207所示。

图7.207　光标聚焦时显示蓝色边框和密码蓝色图标

（6）添加passwordInput用户名输入框失去焦点时用例，隐藏输入框的蓝色边框和密码蓝色图标，如图7.208所示。

图7.208　光标失去焦点时隐藏蓝色边框和密码蓝色图标

7.4.5　登录时进行表单验证

（1）拖曳一个动态面板元件到工作区域，将标签命名为"validate"；新建3种状态，分别命名为"用户名验证""密码验证""用户名密码验证"，如图7.209所示。

图7.209　新建动态面板状态

（2）进入动态面板validate的用户名验证状态，拖曳一个标签元件到工作区域，将文本内容重新命名为"请您填写手机/邮箱/用户名"，字体颜色设置为红色（#FF0000），如图7.210所示。

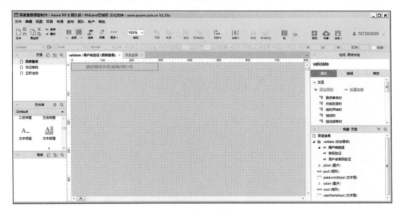

图7.210　新建用户名验证状态内容

（3）进入动态面板validate的密码验证状态，拖曳一个标签元件到工作区域，将文本内容重新命名为"请您填写密码"，字体颜色设置为红色（#FF0000），如图7.211所示。

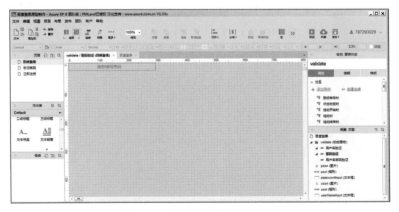

图7.211　新建密码验证状态内容

（4）进入动态面板validate的用户名密码验证状态，拖曳一个标签元件到工作区域，将文本内容重新命名为"您输入的账号或密码有误，忘记密码？"，将"忘记密码"4个字体颜色设置为蓝色（#0000FF），其余字体颜色设置为红色（#FF0000），如图7.212所示。

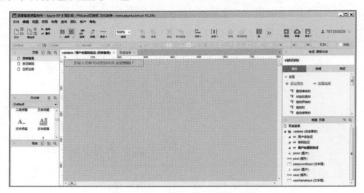

图7.212　新建用户名密码验证状态内容

（5）隐藏动态面板，单击"登录"按钮，在元件交互属性区域双击"鼠标单击时"按钮，弹出"用例编辑"对话框。单击"新增条件"按钮，设置用户名输入框为空条件，如图7.213所示。

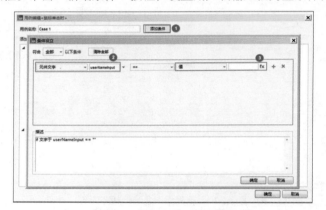

图7.213　用户名输入为空条件

（6）用户名为空时条件，显示动态面板用户名验证状态，如图7.214所示。

图7.214　显示用户名验证状态

（7）单击"登录"按钮，在元件交互属性区域双击"鼠标单击时"按钮，弹出"用例编辑"对话框，单击"新增条件"按钮，设置密码输入框为空条件，如图7.215所示。

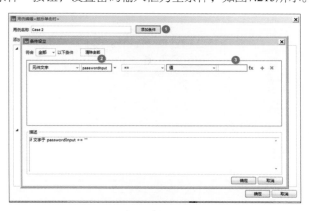

图7.215　新增密码为空条件

（8）密码为空时条件，显示动态面板密码验证状态，如图7.216所示。

图7.216　显示密码验证状态

（9）单击"登录"按钮，在元件交互属性区域双击"鼠标单击时"按钮，弹出"用例编辑"对话框；单击"新增条件"按钮，设置用户名不等于"Axure"时、密码不等于"123456"时的条件，如图7.217所示。

图7.217　设置用户名密码不匹配条件

（10）设置完用户名不等于"Axure"时、密码不等于"123456"时条件，显示动态面板用户名密码验证状态，如图7.218所示。

图7.218　显示用户名密码验证状态

（11）清空密码框输入的内容，并且光标聚焦在密码输入框内，如图7.219所示。

图7.219　清空密码框输入内容和获得焦点

7.4.6　登录成功时跳转，并把用户名带过去

（1）在站点地图上新建一个"登录成功"页面，拖曳一个矩形元件到工作区域，将标签命名为"success"；并新建一个全局变量"userName"，默认值为空，如图7.220所示。

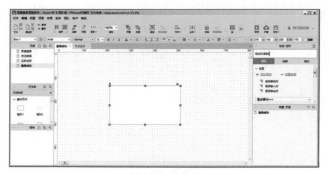

图7.220　新建登录成功页面

（2）单击"登录"按钮，在元件交互属性区域双击"鼠标单击时"按钮，弹出"用例编辑"对话框。设置当用户名等于"Axure"时、密码等于"123456"时的条件，将用户名输入框里的值赋值给全局变量"userName"，如图7.221和图7.222所示。

图7.221 设置变量值

图7.222 给全局变量赋值

（3）当用户名为"Axure"、密码为"123456"时，设置跳转到登录成功页面，如图7.223所示。

图7.223 设置跳转页面

（4）在登录成功页面里设置页面加载时用例，将全局变量的值赋给矩形元件success的文本内容，如图7.224所示。

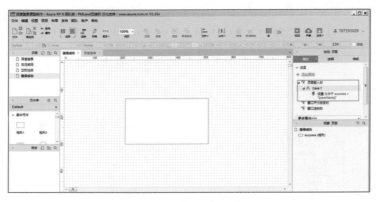

图7.224　页面加载时用例

（5）按快捷键F8发布制作的原型，当输入用户名和密码不匹配时，会出现提示信息并清空密码输入框的信息，如图7.225所示。

图7.225　用户名和密码不匹配时的页面

（6）输入用户名为"Axure"，密码为"123456"，如图7.226所示。

图7.226　输入用户名和密码

（7）单击"登录"按钮，在当前窗口打开登录成功页面，设置矩形文本内容为"Axure欢迎您"，把用户名信息带到登录成功页面，如图7.227所示。

图7.227　登录成功页面

注意：当需要把登录信息带到新的页面时，应首先把登录信息设置到全局变量，然后设置跳转页面，顺序不可颠倒，否则页面跳转后无法获得前一个页面的信息。本实例所涉及的全局变量和局部变量将在第8章中详细介绍。

本章习题

一、填空题

1. Axure交互的触发事件分为两部分，一个是_____，另一个是_____。
2. Axure元件默认显示3种常用的触发事件：_____、_____、_____触发事件。

二、选择题

1. 以下（　）不属于链接交互行为。

A. 当前窗口打开链接　　　　　　　　B. 父窗口打开链接

C. 单击"提交"按钮　　　　　　　　D. 关闭窗口

2. Axure内置了（　）种条件设置。

A. 12　　　　　　　　　　　　　　B. 13

C. 14　　　　　　　　　　　　　　D. 15

三、上机练习

1. 设计一个带链接交互的新页面。
2. 为上述链接设置条件，并实现条件的交互。

第8章　Axure中的高级交互

Axure中的变量是一个非常实用、有使用价值的功能，在制作原型过程中，有时需要达到页面与页面之间互相交互的效果，这时使用变量可以轻松解决问题。Axure RP 8原型设计工具里的变量分为全局变量和局部变量，同时也内置了很多种供用户使用的变量。

本章主要涉及的知识点有：

☐　全局变量、局部变量的使用。
☐　函数的使用。
☐　条件判断的使用。

8.1　变量

变量常用于页面间数据的传递以及存储数据，例如在登录淘宝网站时，会把用户名传递到登录页面。Axure中创建的变量可以用来存储数据，使其能够在两个页面间传递变量值。

8.1.1　全局变量和局部变量

全局变量：在整个原型设计过程中都可以使用，但是全局变量也同时可以被修改，所以在使用的过程中需要注意。

局部变量：只供某个触发事件的某个动作使用，其他触发事件不可以使用。

变量设置规则：变量名必须是字母或数字，以字母开头，并少于25个字符，且不能包含空格。Axure会默认一个变量"OnLoadVariable"。

例子：我记得上小学的年龄是6岁，后来12岁上初中，15岁上高中，18岁上大学，追了一个女生作为女朋友。随着年龄的变迁，人们做着不同的事。下面以年龄和做的事件为变量，学习全局变量和局部变量的使用。

（1）单击"项目|全局变量"命令，新增全局变量，如图8.1所示。

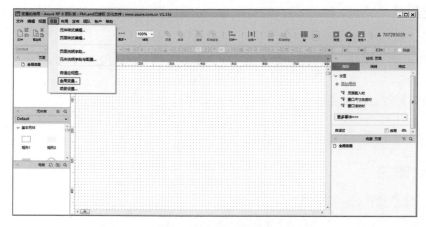

图8.1　选择全局变量命令

（2）增加两个全局变量：一个为"age"，默认值为"6"；一个为"thing"，默认值为"上小学"，如图8.2所示。

图8.2 新增两个全局变量

（3）拖曳一个横线元件到工作区域，设置线条颜色为绿色（#009900），设置线框为最宽，设置箭头样式为向右，如图8.3所示。

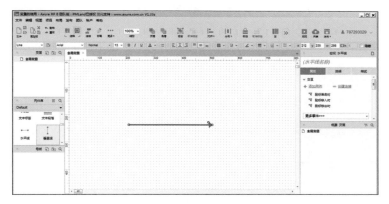

图8.3 新增横线元件

（4）拖曳4个矩形元件，设置矩形内容为"小学""中学""高中""大学"，如图8.4所示。

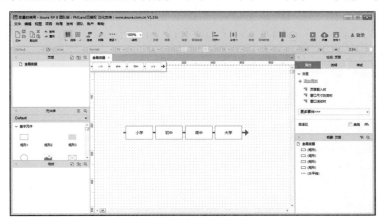

图8.4 新增4个矩形元件

（5）拖曳一个矩形元件到4个元件的下方，作为不同年龄所做事的显示区域。默认设置为"我6岁，上小学"，字号为20，并在元件交互属性区域给矩形元件命名为"showThing"，如图8.5所示。

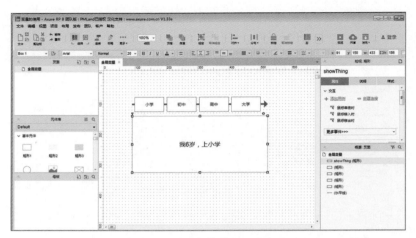

图8.5　新增内容显示元件

（6）选中"小学"矩形元件，在元件交互属性区域双击"鼠标单击时"按钮，弹出"用例编辑"对话框。在"添加动作"下面单击"设置变量值"，在"配置动作"下面勾选"age to"复选框，设置变量值为6；用同样的方式，勾选"thing"复选框，设置变量值为"上小学"，如图8.6所示。

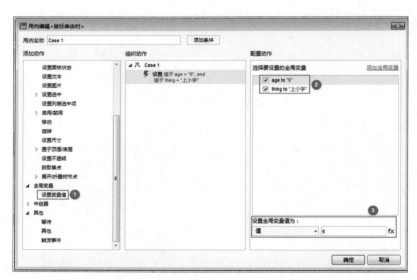

图8.6　给"age"和"thing"变量赋值

（7）继续在"添加动作"下面单击"设置文本"，给"showThing"矩形元件重新赋值，在"配置动作"下面勾选"showThing"复选框，单击"fx"按钮，如图8.7所示。

图8.7 给"showThing"元件编辑用例

（8）单击"fx"按钮，弹出"编辑文本"对话框，选中"6"，然后单击"插入变量或函数"按钮，用变量"age"替换"6"。用同样的方式，选中"上小学"，然后单击"插入变量"按钮，用变量"thing"替换"上小学"。变量替换后，单击"编辑文本"对话框的"确定"按钮，再单击"用例编辑"对话框的"确定"按钮，如图8.8和图8.9所示。

图8.8 选中"age"变量插入的位置

图8.9 插入"age"变量和"thing"变量

（9）用同样的方式，给"中学"元件添加鼠标单击时用例事件，设置变量值"age"为"12"，变量值"thing"为"上中学"。然后给"showThing"矩形元件设置文本内容显示，如图8.10所示。

图8.10　设置"中学"显示内容

（10）给"高中"元件添加鼠标单击时用例事件，设置变量值"age"为"15"，变量值"thing"为"上高中"。然后给"showThing"矩形元件设置文本内容显示，如图8.11所示。

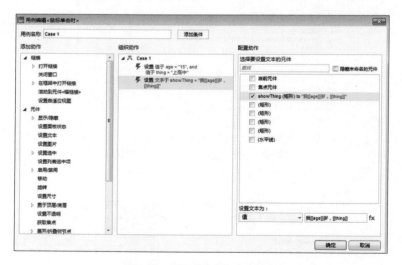

图8.11　设置"高中"内容显示

（11）给"大学"元件添加鼠标单击时用例事件，设置变量值"age"为"18"，变量值"thing"为"上大学"，在大学我们又学会了追女生，因此需要建立一个临时变量"var"为"追女生"，如图8.12所示。

图8.12　设置变量值

（12）单击"fx"按钮，进入"编辑文本"对话框，单击"新增局部变量"，第一个下拉框选择"变量值"，第二个下拉框选择"新建"，新建一个变量"var"，变量值为"追女生"，如图8.13所示。

图8.13　新增局部变量

（13）单击"插入变量或函数"，插入"age"和"thing"全局变量，再插入"LVAR1"局部变量。然后单击"编辑文本"对话框的"确定"按钮，单击"用例编辑"对话框的"确定"按钮，如图8.14所示。

图8.14　插入局部变量和全局变量

（14）按快捷键F8发布原型，单击"小学""中学""高中""大学"按钮，会发现下面内容显示区是想要显示的效果，全局变量每次被修改时，局部变量只能在一个触发事件里使用，如图8.15所示。

图8.15　发布原型

注意：全局变量供所有页面使用，可以在任意位置被调用、修改；局部变量只能在当前触发行为里使用。变量是以"[[]]"形式包在其中，出了这个边界，变量就会以普通字符串身份存在，输出的就是变量的名称。

8.1.2　内置变量

Axure不仅可以自行建立全局变量和局部变量，而且默认内置很多供用户使用的变量，包括中继器/数据集变量、部件变量、页面变量、窗口变量、光标位置变量、Number变量、字符串变量、运算变量、日期变量和布尔变量。这些变量是一种特殊的变量，不能被重新赋值，且由系统提供默认值，在用户需要时直接引用就可以，如图8.16所示。

图8.16　内置变量

1. 中继器/数据集变量

- Item：获取中继器的项，操作方式为[[Item]]。
- Item.Column0：获取中继器数据集的列名，操作方式为[[Item.Column0]]。
- Repeater：获取当前项的父中继器。
- visibleItemCount：获取当前页面中可见项数，操作方式为[[LVAR1.visibleItemCount]]。
- itemCount：获取当前过滤器中项的个数，操作方式为[[LVAR1.itemCount]]。
- dataCount：获取数据集中所有项的个数，操作方式为[[LVAR1.dataCount]]。
- pageCount：获取中继器中所有的页面数量，操作方式为[[LVAR1.pageCount]]。
- pageIndex：获取中继器中当前的页数，操作方式为[[LVAR1.pageIndex]]。

2. 元件变量

- This：获取当前元件的名称，操作方式为[[This]]。
- Target：获取目标元件的名称，操作方式为[[Target]]。
- x：获取元件的左上角x轴坐标值，操作方式为[[This. x]]。
- y：获取元件的左上角y轴坐标值，操作方式为[[This. y]]。
- width：获取元件的宽度，操作方式为[[This. width]]。
- height：获取元件的高度，操作方式为[[This. height]]。
- scrollX：获取元件x轴滚动的当前坐标值，操作方式为[[This.scrollX]]。
- scrollY：获取元件y轴滚动的当前坐标值，操作方式为[[This.scrollY]]。
- text：获取当前元件的文本值，操作方式为[[This.text]]。
- name：获取当前元件的命名，操作方式为[[This.name]]。
- top：获取元件上边界到x轴的距离，操作方式为[[This. top]]。
- left：获取元件左边界到y轴的距离，操作方式为[[This. left]]。
- right：获取元件右边界到y轴的距离，操作方式为[[This. right]]。
- bottom：获取元件下边界到x轴的距离，操作方式为[[This. bottom]]。

3. 页面变量

- PageName：获取当前元件所在页面的名称，也就是在站点地图页面上的名称。

4. 窗口变量

- Window.width：获取窗口宽度，操作方式为[[Window.width]]。
- Window.height：获取窗口高度，操作方式为[[Window. height]]。
- Window.ScrollX：获取窗口x轴滚动的当前坐标值，操作方式为[[Window. ScrollX]]。
- Window.ScrollY：获取窗口y轴滚动的当前坐标值，操作方式为[[Window. ScrollY]]。

5. 光标位置变量

- Cursor.X：获取光标x轴坐标值，操作方式为[[Cursor.X]]。
- Cursor.Y：获取光标y轴坐标值，操作方式为[[Cursor.Y]]。

6. Number变量

- toExponential ：将参数的数值转换为指数计数，操作方式为[[n. toExponential (参数)]]。
- toFixed：保留某数字的小数点位数，如果数值为value=2.11111，保留两位小数，使用[[value.toFixed(2)]]，结果为2.11。

□ toPrecision：把数值指定为固定长度，如果把value=1.11111的长度指定为4，则可以使用[[value. toPrecision(4)]]，结果为1.111。

7. 字符串变量

□ Length：获取字符串的长度，操作方式为[[LVAR.length]]。

□ charAt(index)：获取某字符串指定位置的字符，操作方式为[[LVAR.charAt(index)]]。

□ charCodeAt(index)：获取某字符串指定位置字符的编码（Unicode），操作方式为[[LVAR. charCodeAt(index)]]。

□ concat('string')：将LVAR和string的字符串拼接起来，操作方式为[[LVAR.concat('string')]]。

□ indexOf('searchValue')：用于判断某个字符串是否包含某个字符或者字符串，包含返回0，不包含返回−1，操作方式为[[LVAR.indexOf('searchValue')]]。

□ lastIndexOf('searchvalue',start)：从后面开始判断是否包含某个字符串或者字符，操作方式为[[LVAR.lastIndexOf('searchvalue',start)]]。

□ replace('searchvalue','newvalue')：将字符串中的某个字符串替换为另一个字符串，操作方式为[[LVAR.replace('searchvalue','newvalue')]]。

□ slice(start,end)：提取某段字符串，返回一个新字符串，操作方式为[[LVAR. slice(start,end)]]。

□ split('separator',limit)：将字符串进行切割分组，操作方式为[[LVAR.split('separator',limit)]]。

□ substr(start,length)：从索引号开始截取字符串中指定数目的字符，操作方式为[[LVAR. Substr (start,length)]]。

□ substring(from,to)：截取字符串从某个位置到另一个位置之间的字符串，操作方式为[[LVAR.substring(from,to)]]。

□ toLowerCase( )：将字符串变为小写，操作方式为[[LVAR.toLowerCase()]]。

□ toUpperCase( )：将字符串变为大写，操作方式为[[LVAR.toUpperCase()]]。

□ trim( )]：去除字符串两端的空格，操作方式为[[LVAR.trim()]]。

□ toString( )：转换为字符串，操作方式为[[LVAR.toString()]]。

8. 运算变量

□ abs(x)：获取x的绝对值，操作方式为[[Math.abs(x)]]。

□ acos(x)：获取x的反余弦值，操作方式为[[Math.acos(x)]]。

□ asin(x)：获取x的反正弦值，操作方式为[[Math.asin(x)]]。

□ atan(x)：获取x的正切值，操作方式为[[Math.atan(x)]]。

□ atan2(y,x)：获取从x轴到点（x,y）的角度，操作方式为[[Math.atan2(y,x)]]。

□ ceil(x)：获取x的上舍入值，操作方式为[[Math.ceil(x)]]。

□ cos(x)：获取x的余弦，操作方式式为[[Math.cos(x)]]。

□ exp(x)：获取x的e的指数，操作方式为[[Math.exp(x)]]。

□ floor(x)：获取x的下舍入值，操作方式为[[Math.floor(x)]]。

□ log(x)：获取x的自然对数，操作方式为[[Math.log(x)]]。

□ max(x,y)：获取x和y中的最大值，操作方式为[[Math.max(x,y)]]。

□ min(x,y)：获取x和y中的最小值，操作方式为[[Math.min(x,y)]]。

☐ pow(x,y)：获取*x*的*y*次幂，操作方式为[[Math.pow(x,y)]]。

☐ random( )：获取0到1的随机数，操作方式为[[Math.random( )]]。

☐ sin(x)：获取*x*的正弦值，操作方式为[[Math.sin(x)]]。

☐ sqrt(x)：获取*x*的平方根，操作方式为[[Math.sqrt(x)]]。

☐ tan(x)：获取*x*的正切值，操作方式为[[Math.tan(x)]]。

9. 日期变量

☐ Now：根据计算机系统时间获得日期和时间值，操作方式为[[Now]]。

☐ GenDate：原型生成的日期和时间值，操作方式为[[GenDate]]。

☐ getDate( )：返回一个月中的某一天，操作方式为[[Now.getDate( )]]。

☐ getDay( )：返回一周中的某一天，操作方式为[[Now.getDay( )]]。

☐ getDayOfWeek( )：返回系统时间的时间周，操作方式为[[Now.getDayOfWeek( )]]。

☐ getFullYear( )：获得四位数字的年份，操作方式为[[Now.getFullYear( )]]。

☐ getHours( )：获得小时，操作方式为[[Now.getHours( )]]。

☐ getMilliseconds( )：获得毫秒，操作方式为[[Now.getMilliseconds( )]]。

☐ getMinutes( )：获得分钟，操作方式为[[Now.getMinutes( )]]。

☐ getSeconds( )：获得秒数，操作方式为[[Now.getSeconds( )]]。

10. 布尔变量

☐ ==：两者相等，则返回值为真，否则为假，操作方式[[==]]；

☐ ! =：两者不相等，则返回值为真，否则为假，操作方式[[! =]]；

☐ <：前者小于后者，则返回值为真，否则为假，操作方式[[<]]；

☐ <=：前者小于或等于后者，则返回值为真，否则为假，操作方式[[<=]]；

☐ >：前者大于后者，则返回值为真，否则为假，操作方式[[>]]；

☐ >=：前者大于或等于后者，则返回值为真，否则为假，操作方式[[>=]]；

☐ &&：两者全为真值，则返回值为真，操作方式[[&&]]；

☐ ||：两者有一个真值，则返回值为真，操作方式[[||]]；

8.1.3 变量值在页面间传递

在制作原型的过程中，经常会碰到一个页面的信息需要传递到另一个页面，例如在注册时，输入用户名和密码，在登录进去后，发现网站的顶部会有"×××欢迎您"的友好提示，而"×××"经常是所注册的用户名。在制作原型的过程中，达到这样的交互效果，会提高原型的真实度，同时能带领用户进入真实场景，大大减少沟通成本。下面通过做一个登录的例子，来演示变量值在页面间传递。

（1）拖曳一个矩形元件，设置为灰色（#CCCCCC），作为登录框的背景色，拖曳两个文本便签元件，重新命名为用户名和密码。拖曳两个文本框（单行）元件到工作区，在元件交互属性区域分别将两个元件命名为"input1"和"input2"。拖曳一个HTML按钮元件到工作区域，重新命名为"登录"，并给元件命名为"btn"，如图8.17所示。

（2）新建一个页面，拖曳一个矩形元件，用来显示登录时输入的用户名和密码，并给矩形元件取名为"jieguo"，如图8.18所示。

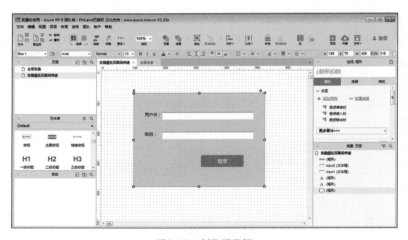

图8.17　制作登录框

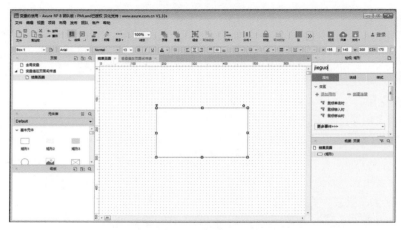

图8.18　登录信息显示页面

（3）新建两个全局变量，一个是"userName"，另一个是"password"，默认值为"空"，如图8.19所示。

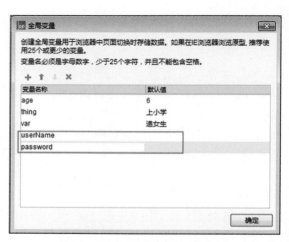

图8.19　设置两个局部变量

（4）选中"登录"按钮，双击"鼠标单击时"按钮，弹出"用例编辑"对话框；单击"设置变量值"，勾选"userName"复选框，再单击"fx"按钮，弹出"编辑文本"对话框，如图8.20所示。

图8.20　给"userName"设置变量值

（5）在"编辑文本"对话框中，新增一个局部变量，第一个下拉框框选"元件文字"，第二个下拉框选"input1"，然后插入局部变量，如图8.21所示。

图8.21　给"username"赋值

（6）用同样的方式给"password"赋值，如图8.22所示。

图8.22　给"password"赋值

（7）设置在当前窗口打开结果页面，如图8.23所示。

图8.23　设置打开结果页面链接

（8）给"结果页面"的矩形元件进行赋值，在页面载入时把变量"userName"和"password"的赋值到矩形元件，如图8.24所示。

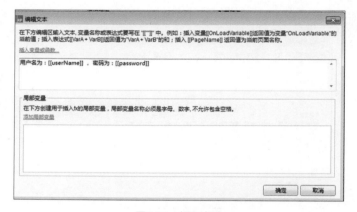

图8.24　插入变量

（9）按快捷键F8进行原型发布，在用户名输入框和密码输入框里输入值后，单击"登录"按钮，会跳到结果页面，并把用户名和密码信息带到结果页面里，如图8.25所示。

图8.25　原型发布

注意：变量的命名要有意义、见名知意，同样元件的命名也要有意义，这样便于我们在原型制作过程中使用。

8.1.4 变量的使用场景

在原型制作过程中，为了设计高级交互效果，变量是不可或缺的元素。变量可以在以下5种使用场景中使用。

（1）变量之间的运算，例如制作计算器过程的使用。

（2）页面间变量值传递，例如登录后显示用户名等信息。

（3）Tab表格的选中状态和未选中状态的切换。

（4）统计文本输入字符串的长度。

（5）下拉列表的联动使用。

除了以上5种使用场景，还有很多使用变量的场景，在制作原型的过程中，读者要不断总结，不断优化制作原型的方法和技巧。

8.2 案例：加减乘除运算

Axure RP 8 原型设计工具支持变量的加减乘除运算，下面通过变量的加减乘除运算进一步熟悉、掌握变量的使用方法。

（1）拖曳两个文本框（单行）元件，拖曳两个标签元件，分别命名为"+"和"="，再拖曳一个矩形元件，作为结果的输出，如图8.26所示。

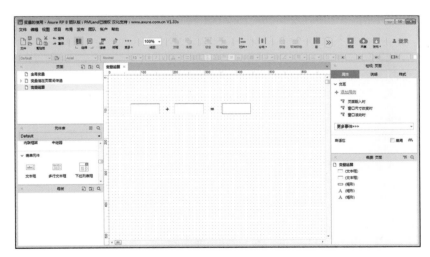

图8.26　制作两数相加输入框

（2）利用组合键Ctrl+A，再利用组合键Ctrl+D，复制三个同样的元件，并修改运算符，如图8.27所示。

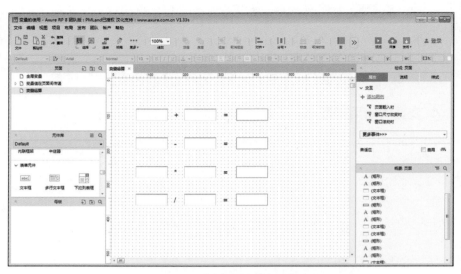

图8.27 制作两数相减乘除输入框

（3）给元件进行命名，将相加的输入框元件命名为"jia1"和"jia2"，相加的结果元件命名为"jieguo1"；相减的输入框元件命名为"jian1"和"jian2"，相减的结果元件命名为"jieguo2"；相乘的输入框元件命名为"cheng1"和"cheng2"，相乘的结果元件命名为"jieguo3"；相除的输入框元件命名为"chu1"和"chu2"，相除的结果元件命名为"jieguo4"，如图8.28所示。

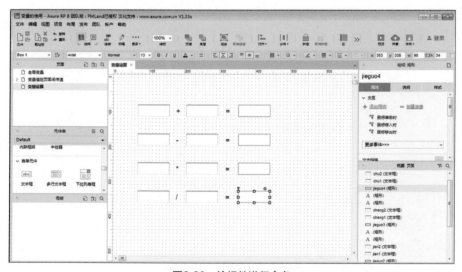

图8.28 给组件进行命名

（4）拖曳一个HTML按钮到工作区域，将其重命名为"开始计算"，元件命名为"jisuan"，如图8.29所示。

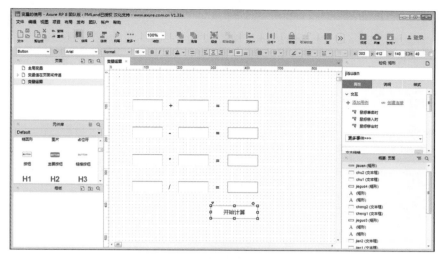

图8.29 添加开始计算按钮

（5）选中"开始计算"按钮，在元件属性区域双击"鼠标单击时"按钮，弹出"用例编辑"对话框，在"添加动作"下面单击"设置文本"，在"配置动作"下面勾选"jieguo1"复选框，如图8.30所示。单击"fx"按钮，弹出"编辑文本"对话框。

图8.30 给"jieguo1"元件设置文本值

（6）在"编辑文本"对话框中新增两个局部变量，绑定"jia1"和"jia2"输入框的值，如图8.31所示。

图8.31　新增相加运算两个局部变量值

（7）单击函数或运算符按钮，插入两个变量，并在两个变量之间添加一个"+"，单击"确定"按钮，相加运算添加完毕，如图8.32所示。

图8.32　两个局部变量相加运算

（8）运用同样的方式，设置相减运算编辑文本。在"添加动作"下面单击"设置文本"，在"配置动作"下面勾选"jieguo2"复选框，单击"fx"按钮，弹出"编辑文本"对话框；新增两个局部变量，分别绑定"jian1"和"jian2"输入框的值；再单击函数或运算符插入两个局部变量，并在两个变量之间添加一个"－"，单击"确定"按钮，相减运算添加完毕，如图8.33所示。

图8.33　两个局部变量相减运算

（9）运用同样的方式，设置相乘运算。在"添加动作"下面单击"设置文本"，在"配置动作"下面勾选"jieguo3"复选框，单击"fx"按钮，弹出"编辑文本"对话框；新增两个局部变量，分别绑定"cheng1"和"cheng2"输入框的值；再单击函数或运算符插入两个局部变量，并在两个变量之间添加一个"*"，单击"确定"按钮，相乘运算添加完毕，如图8.34所示。

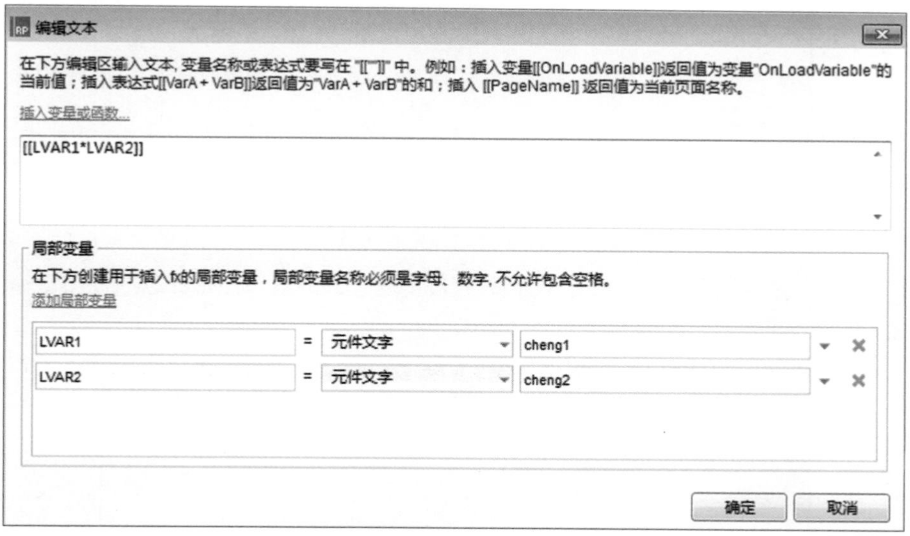

图8.34　两个局部变量相乘运算

（10）运用同样的方式，设置相除运算。在"添加动作"下面单击"设置文本"，在"配置动作"下面勾选"jieguo4"复选框，单击"fx"按钮，弹出"编辑文本"对话框；新增两个局部变量，分别绑定"chu1"和"chu2"输入框的值；再单击函数或运算符插入两个局部变量，并在两个变量之间添加一个"/"，单击"确定"按钮，相除运算添加完毕，如图8.35所示。

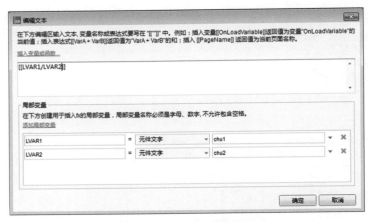

图8.35　两个局部变量相除运算

（11）将所有变量运算添加完毕后如图8.36所示。

图8.36　添加完变量运算

（12）按快捷键F8发布原型，在输入框里输入变量值，单击"开始计算"按钮，输出运算结果，如图8.37所示。

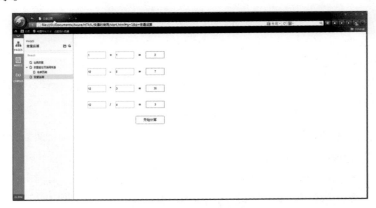

图8.37　输出运算结果

8.3 函数

Axure RP 8 原型设计工具内置了丰富的函数，供设计师们使用。在制作原型的过程中，保真程度越高，使用函数的频率就越高。如果要完全掌握Axure中所有的函数确实有些困难，但其中经常使用的函数建议大家一定要掌握。下面是Axure RP 8 中所有函数的详细介绍。

8.3.1 元件函数和页面函数

1.元件函数

下面演示如何使用这些部件函数。

（1）在站点地图区域新建一个页面，将其命名为"元件函数"；拖曳两个矩形元件，将文本内容分别命名为"元件函数应用""元件函数结果"，将标签分别命名为"应用""结果"，如图8.38所示。

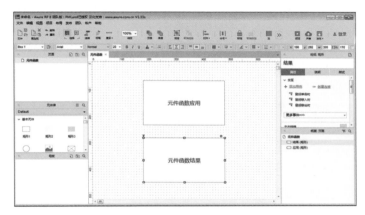

图8.38 放置两个矩形

（2）选中"元件函数应用"矩形元件，在元件交互属性区域双击"鼠标单击时"按钮，弹出"用例编辑"对话框，在"添加动作"下面单击"设置文本"，在"配置动作"下面勾选"结果"复选框，再单击"fx"按钮，如图8.39所示。

图8.39 添加鼠标单击时触发事件

（3）单击"fx"后选中"元件函数结果"，单击"插入变量或函数"，如图8.40所示。

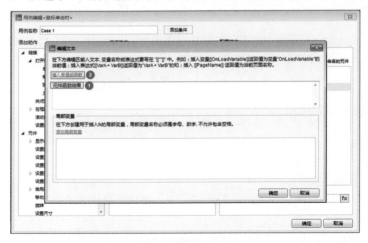

图8.40 单击插入变量

（4）在弹出的内置函数和变量的对话框中，单击元件函数的"This"，插入"This"，并在前面添加"This="，如图8.41和图8.42所示。

图8.41 元件函数

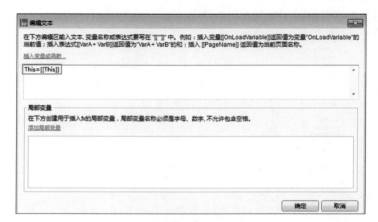

图8.42 插入结果

（5）运用同样的方式，全部插入元件里的其他函数，如图8.43所示。

图8.43　插入全部函数

（6）把"结果"矩形的高度设置为400，让它可以把元件函数的结果完全显示出来，如图8.44所示。

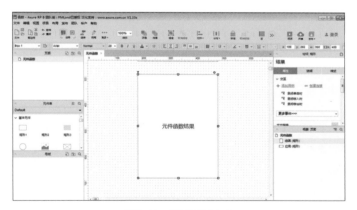

图8.44　设置矩形高度

（7）按快捷键F8发布原型，单击"元件函数应用"矩形组件，会看到它的结果出现在"元件函数结果"矩形元件里，如图8.45和图8.46所示。

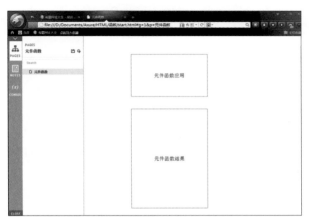

图8.45　单击前

图8.46　单击后

2.页面函数

页面函数主要是PageName，用来获取当前元件所在页面的页面名称，也就是在站点地图页面上的名称。下面演示如何使用这些页面函数。

（1）在站点地图区域新建一个页面，并将其命名为"页面函数"，拖曳一个矩形元件到工作区域，将标签命名为"结果"，如图8.47所示。

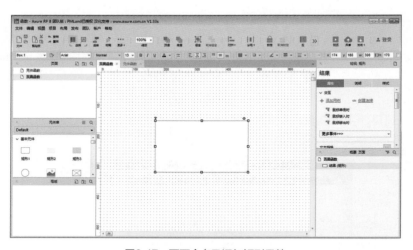

图8.47　页面命名及添加矩形元件

（2）给"结果"矩形组件添加鼠标单击时触发事件，在"添加动作"下面单击"设置文本"，在"配置动作"下面勾选"结果"复选框，单击"fx"按钮，如图8.48所示。

图8.48　矩形元件添加单击时触发事件

（3）在弹出的"编辑文本"对话框中，单击"插入变量或函数"，在页面函数下面单击
"PageName"，如图8.49所示。

图8.49　插入"PageName"函数

（4）单击"确定"按钮后，可以看到矩形元件添加了鼠标单击时触发事件，如图8.50所示。

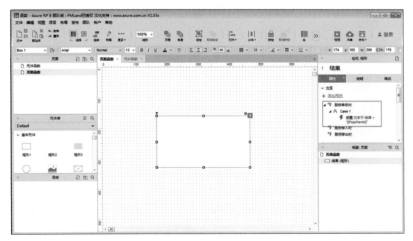

图8.50　矩形元件添加了触发事件

（5）按快捷键F8发布原型，单击矩形元件，可以看到矩形元件里显示的是页面的名称，如图8.51所示。

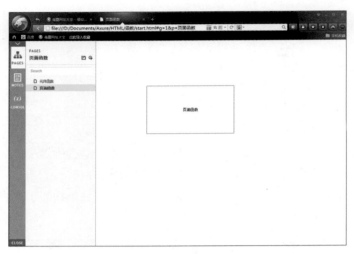

图8.51　发布原型

8.3.2　窗口函数和鼠标函数

1.窗口函数

下面演示窗口函数的使用。

（1）在站点地图上新建一个页面，并将其命名为"窗口函数"；拖曳两个矩形元件，将标签分别命名为"窗口大小结果""窗口滚动结果"，用于显示窗口大小和滚动时的结果；将文本内容分别命名为"我是用来显示窗口宽度和高度""我是用来显示窗口滚动的x和y的坐标值"，如图8.52所示。

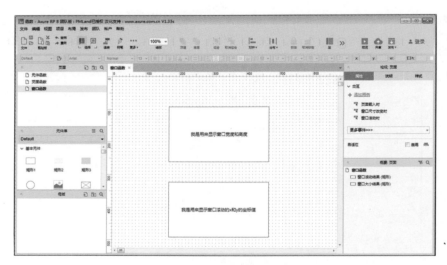

图8.52　页面命名以及添加矩形元件

（2）在页面交互属性区域里，单击窗口尺寸改变时触发事件，如图8.53所示。

图8.53 添加窗口尺寸改变时触发事件

（3）在弹出的"用例编辑"对话框中，在"添加动作"下面单击"设置文本"，在"配置动作"下面勾选"窗口大小结果"复选框，然后单击"fx"按钮，如图8.54所示。

图8.54 设置文本动作

（4）在"编辑文本"对话框中单击"插入变量或函数"，分别插入"Window.width"和"Window.height"函数，如图8.55和图8.56所示。

图8.55 窗口函数

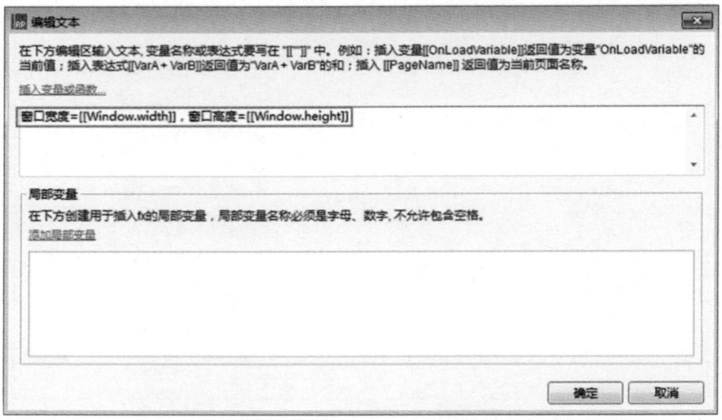

图8.56 插入结果

（5）在页面交互属性区域里，单击窗口滚动时触发事件，如图8.57所示。

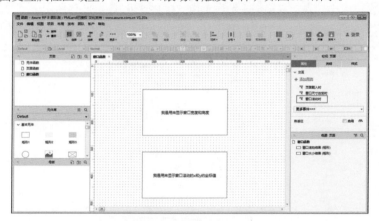

图8.57 添加窗口滚动时触发事件

（6）在弹出的"用例编辑"对话框中，在"添加动作"下面单击"设置文本"，在"配置动作"下面勾选"窗口滚动结果"复选框，然后单击"fx"按钮，如图8.58所示。

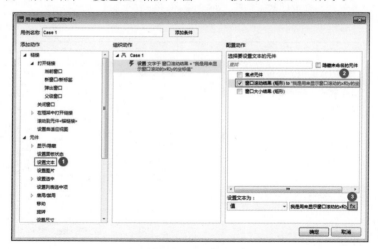

图8.58 设置文本动作

（7）在"编辑文本"对话框中单击"插入变量或函数"，分别插入"Window.scrollX"和"Window.scrollY"函数，如图8.59和图8.60所示。

图8.59 窗口函数

图8.60 插入结果

（8）按快捷键F8发布原型，可以看到随着浏览器窗口大小的改变，以及窗口的滚动，两个矩形元件的值在不断地发生变化，如图8.61所示。

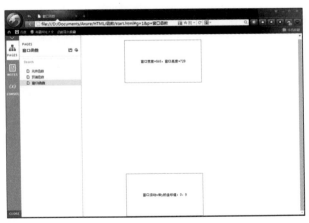

图8.61 发布原型

注意：窗口的宽度、高度和窗口滚动的坐标值都是针对浏览器窗口的，这4个函数经常用于判断浏览器窗口大小发生变化后会执行什么动作，或者窗口滚动时会执行什么动作。

2.鼠标函数

鼠标函数包括如下内容。

☐ Cursor.X：获取光标x轴坐标值，操作方式为[[Cursor.X]]。

☐ Cursor.Y：获取光标y轴坐标值，操作方式为[[Cursor.Y]]。

下面演示鼠标函数的使用。

（1）在站点地图上新建一个页面，并将其命名为"鼠标函数"；拖曳一个矩形元件，将标签命名为"显示结果"，将文本内容命名为"我是用来显示鼠标的x和y的坐标值"，如图8.62所示。

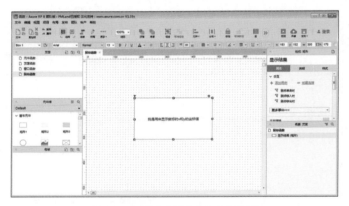

图8.62　页面命名以及添加矩形元件

（2）选中矩形元件，添加鼠标移入时触发事件，在弹出的"用例编辑"对话框中，在"添加动作"单击"设置文本"，在"配置动作"下面勾选"显示结果"复选框，然后单击"fx"按钮，如图8.63所示。

图8.63　设置文本动作

（3）在"编辑文本"对话框中单击"插入变量或函数"，分别插入"Cursor.x"和"Cursor.y"函数，如图8.64如图8.65所示。

图8.64　鼠标函数

图8.65　插入结果

（4）按快捷键F8发布原型，可以看到鼠标移入时，光标的坐标值也在发生变化，如图8.66所示。

图8.66　发布原型

注意：Cursor.x和Cursor.y是鼠标函数经常会用到的两个函数，通过这两个函数根据鼠标的坐标位置可以执行不同的动作。

8.3.3 数字函数和字符串函数

1. 数字函数

数字函数如图8.67所示。

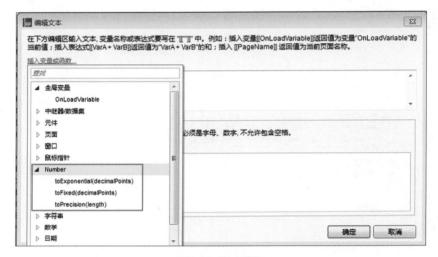

图8.67 数字函数

2. 字符串函数

字符串函数如图8.68所示。

图8.68 字符串函数

8.3.4 数学函数和日期函数

1.数学函数

数学函数如图8.69所示。

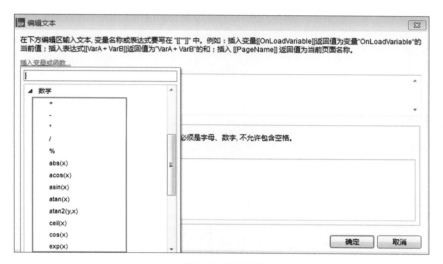

图8.69 数学函数

2.日期函数

日期函数如图8.70所示。

图8.70 日期函数

 注意：这里只是对常用的日期函数进行加以说明。

✦ 本章习题 ✦

一、填空题

1. Axure RP 8 原型设计工具里的变量分为_____和_____。

2. 全局变量供所有页面使用，可以在任意位置被调用、修改；局部变量只能在_____里使用。

二、选择题

1. Axure RP 8 原型设计工具，内置了（　　）种常用的函数。

A. 8   B. 9

C. 10   D. 11

2. （　　）函数不属于元件函数。

A. This   B. Length

C. width   D. name

三、上机练习

1. 利用全局变量制作一个多页面数据传递的效果。

2. 利用函数实现加减乘除运算。

第9章 使用Axure时的团队合作技巧

Axure原型制作过程中，有的原型比较复杂，工作量比较大，往往是多个人共同协作完成的。原型的共享协作功能就可以充分实现多人协作共同制作原型，提高制作原型的效率，减少制作时间。在使用Axure工程中，用户要善于总结，把比较好的使用技巧记录下来，这样有利于提高原型的制作效率以及制作效果。

本章主要涉及的知识点有：

- ☐ 建立共享项目。
- ☐ 编辑共享项目。
- ☐ 获取共享项目。
- ☐ 使用技巧介绍。

9.1 项目如何共享协作

Axure原型制作过程中，需要多人协同制作时，就需要建立一个共享项目，由大家对这一个项目进行协同开发。就像软件开发过程中常用到SVN、VSS等版本控制软件一样，Axure同样支持多人协作共同开发。

9.2 创建共享项目

下面建立一个Axure原型共享项目。

（1）单击"团队"菜单，在弹出的联级菜单中单击"从当前文件创建团队项目"命令，输入团队项目的名称"Axure共享项目"，如图9.1和图9.2所示。

图9.1 单击团队菜单图

图9.1 9.2 输入团队项目名称

199

（2）选择团队项目目录，选择的文件夹必须是共享文件夹，否则其他团队成员无法获取到共享项目。选择共享文件夹"My Projects"，如图9.3所示。

（3）选择本地存放的Axure项目副本的本地路径，默认会加载一个本地目录，可以重新选择本地目录存放，如图9.4所示。

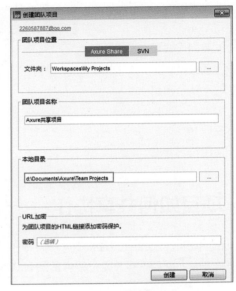

图9.3　选择团队项目路径图　　　　　　图9.4　本地副本存放目录

（4）单击"创建"按钮，完成Axure共享项目创建，创建完成的共享项目，在站点地图的页面上会有蓝色菱形标记，代表共享项目下的页面，如图9.5所示。

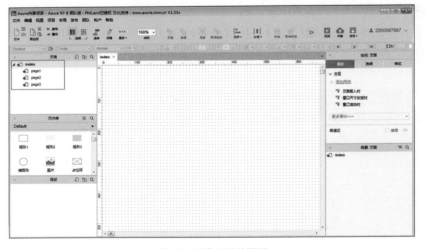

图9.5　共享项目的页面

注意：共享工程项目页面都会有蓝色菱形标记。

9.3　获取共享项目

Axure原型项目建立完共享项目后，团队成员需要获取共享项目，进行协同制作原型。

（1）单击"团队"菜单，在弹出的联级菜单中单击"获取并打开团队项目"命令，输入团队项目的存放位置，并导入本地副本的存放位置，单击"获取"按钮，如图9.6和图9.7所示。

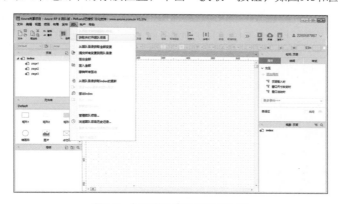

图9.6　打开获取团队项目的页面

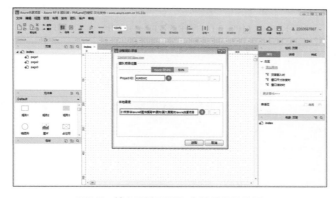

图9.7　输入团队项目和本地目录的位置

（2）获取成功的共享项目，在站点地图的页面上会有蓝色菱形标记，代表共享项目下的页面，如图9.8所示。

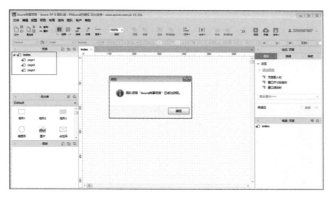

图9.8　成功获取共享项目

9.4 编辑共享项目

Axure原型项目建立完共享项目后，可以进行共享项目编辑。

（1）对共享项目的页面进行编辑时，需要签出页面。当鼠标悬停在某个页面的工作区域时，会有签出提示信息，或者在要编辑的页面上单击鼠标右键，选择签出命令，签出后才能进行页面编辑，如图9.9所示。

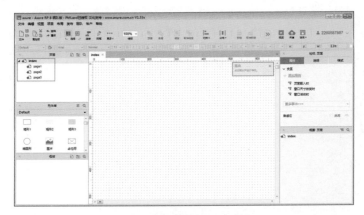

图9.9　鼠标悬停在工作区域

（2）页面签出后，站点地图内签出的页面变成绿色的圆形，此页面相当于迁移到本地页面，这时才可以对这个页面进行编辑。当这个页面被一个人签出后，另一个人无法签出这个页面，如图9.10所示。

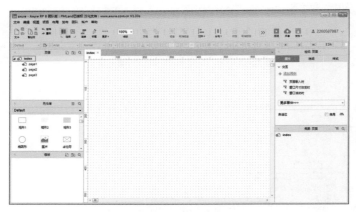

图9.10　签出的页面

9.5 团队项目环境和本地副本

当创建完团队项目后，打开本地副本，会发现Axure的工作环境发生了一些变化。

（1）站点地图面板和母版面板：在页面和母版面板列表的左侧出现了不同的小图标，而不同的图标样式代表着当前页面或当前母版的状态，如图9.11所示。

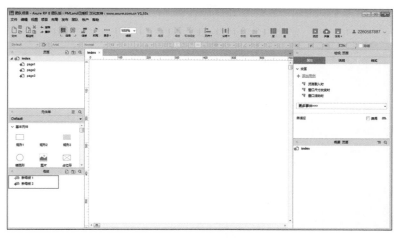

图9.11　不同状态的母版

注意：绿色圆形图标表示可以操作当前页面，蓝色菱形图标表示不能操作当前页面。

（2）设计区域和站点地图页面：设计区域右上角出现签出提示，要想对当前页面进行操作或修改，首先要迁出当前页面，站点地图面板可以通过页面缩略图中的小图标的颜色来判断当前页面是否为签出状态，如图9.12所示。

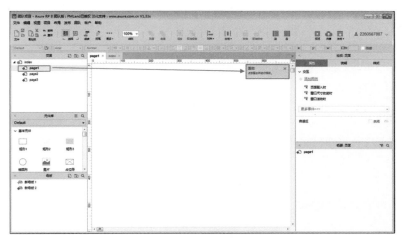

图9.12　判断签出状态

（3）团队项目的本地副本：包含一个.rpprj文件和一个DO_NOT_EDIT文件夹。这个文件夹包括项目数据和版本控制信息，这些信息不要用Axure以外的软件修改。如果要移动.rpprj文件，一定要和DO_NOT_EDIT文件夹一起移动，如图9.13所示。

图9.13　移动文件夹

 注意：如果两个文件不一起移动的话，Axure会无法打开团队项目，因为路径不一致。

本章习题

一、填空题

1. Axure原型制作过程中，需要多人协同制作时，这时需要建立一个_____。

2. 建立一个Axure原型共享项目，单击_____菜单，在弹出的联级菜单中单击_____命令，然后输入团队项目的名称。

二、选择题

1. 团队成员获取共享项目需要（　　）个步骤。

A. 2   B. 3

C. 4   D. 5

2. 对共享项目的页面进行编辑时，首先需要（　　）页面才能进行编辑。

A. 签入   B. 签出

C. 编辑   D. 创建

三、上机练习

1. 创建一个团队项目。

2. 配合团队其他成员一起完成一个团队共享项目。

第二篇 实战篇

第10章 原型设计："图书管理系统"

原型实战篇的几个实战例子是通过了解原官方网站的设计，参照原官方网站进行原型设计，实现网站的各个效果，制作高保真原型或者低保真原型。本章制作"学校图书管理系统"，没有设计好的界面和功能模块，有的只是一份需求，理解这份需求，分析"学校图书管理系统"的各个功能模块，来进行原型设计。在现实情况下，我们通常拿到的也只有一份需求说明书，从而根据原型设计的经验以及对软件的理解进行原型设计。图书管理系统首页如图10.1所示。

图10.1 图书管理系统首页

10.1 需求描述

××公司的图书借阅管理主要是通过电话联系图书管理员来进行借书，同时管理员标记Excel图书表中的图书状态信息，包括借出、遗失等状态。

为了使公司员工更加方便地借书，同时减少图书管理员的工作，××公司决定开发一个"图书管理系统"，系统包括登录、首页、用户管理、借书管理、图书管理、图书统计六大模块。

- ☐ 登录模块：用户登录、账户注册。
- ☐ 首页模块：图书搜索。
- ☐ 用户管理模块：新增用户、删除用户、修改用户、查看用户。

205

□ 借书管理模块：图书预约、图书借阅、图书归还、图书续借、图书遗失记录查询。
□ 图书管理模块：新增图书、修改图书、删除图书、查看图书。
□ 图书统计模块：按月统计借书情况；按月统计借书人数趋势；图书类别统计。

10.2 设计思路

"图书管理系统"原型设计，首先需要分析系统可以分为几个大的功能模块；接着继续分析大的功能模块里可以划分为几个小的功能模块或者功能菜单；然后根据原型设计经验设计原型的架构以及页面的布局，把功能模块组合起来，实现页面的整体布局；最后把共用的功能做成母版，例如导航菜单功能，制作一次就可以让其他页面直接引用。

10.3 准备工作

制作"图书管理系统"低真原型设计，需要准备几张图片和3个HTML页面，存放在第10章里的图书管理系统图片文件夹。

（1）图书管理系统的系统名称图片。

（2）登录页面需要使用的图书馆图片。

（3）在进行制作统计分析模块时，需要使用Highcharts统计报表，把Highcharts-3.0.0、js两个文件夹复制到生成原型的文件夹里。

10.4 实现用户界面功能

10.4.1 建立站点地图栏目结构

根据"图书管理系统"的需求，将系统主要分为六个功能模块："登录""首页""用户管理""借书管理""图书管理""统计分析"，我们按照功能模块建立站点地图的栏目结构（根据功能模块进行建立栏目结构通常也是制作原型的一种方式），如图10.2所示。

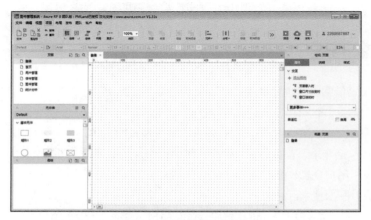

图10.2 图书管理系统栏目结构

注意：根据需求分析图书管理系统，可以将其分为6个功能模块。

10.4.2 登录界面设计

"图书管理系统"需要登录后才能使用系统的各个功能，因此提供给普通用户、图书管理员、系统管理员进入该系统的入口。同时，登录也是我们进行设计"图书管理系统"原型的第一步，下面一起来设计登录界面。

（1）拖曳一个图片元件，用系统名称图片替换图片元件，作为系统的名称；拖曳一个图片，用图书馆图片替换图片元件；拖曳一个横线元件，作为图片的间隔线。图书管理系统登录界面如图10.3所示。

图10.3　图书管理系统登录界面

（2）拖曳一个矩形元件，作为登录区域的边框；再拖曳一个矩形元件，将颜色设置为灰色（#E4E4E4），作为登录区域头部背景色；拖曳一个标签元件，将文本内容重新命名为"登录"，字号设置为16，字体设置为粗体；拖曳一个图片元件，作为Logo，如图10.4所示。

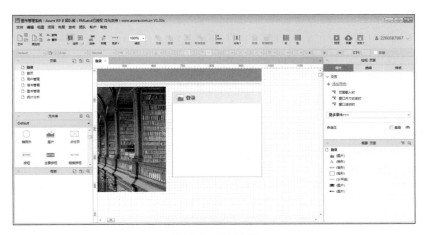

图10.4　登录边框

（3）拖曳一个标签元件，将文本内容重新命名为"用户名"，字体设置为粗体；拖曳一个矩形元件，作为输入框的边框；拖曳一个文本框（单行）元件，边框设置为隐藏，默认值为"请输入用户名"，字体颜色设置为灰色（#999999），标签命名为"userNameInput"，作为用户名输入框，如图10.5所示。

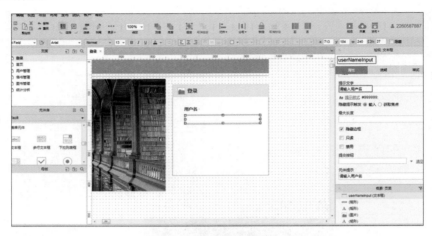

图10.5　制作用户名输入框

（4）拖曳一个标签元件，将文本内容重新命名为"密码"，字体设置为粗体；拖曳一个矩形元件，作为输入框的边框；拖曳一个文本框（单行）元件，边框设置为隐藏，默认值为"请输入密码"，字体颜色设置为灰色（#999999），将标签命名为"passwordInput"，作为密码输入框，如图10.6所示。

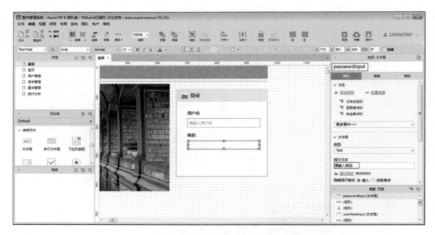

图10.6　制作密码输入框

（5）拖曳一个矩形元件，颜色填充为绿色（#63AF27），文本内容为"登录"，字号设置为16，字体颜色为白色（#FFFFFF），并且将字体设置为粗体；拖曳两个标签元件，将文本内容分别重新命名为"忘记密码""立即注册"，添加下划线，颜色字体设置为蓝色（#0000FF）；拖曳垂直线作为间隔线；将页面设置为居中对齐，如图10.7所示。

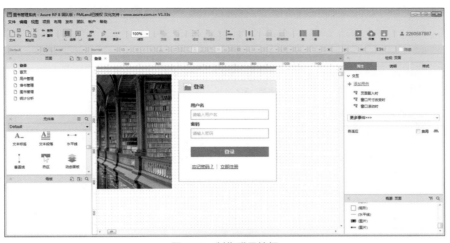

图10.7　制作登录按钮

10.4.3 制作导航菜单母版

通过对"图书管理系统"的需求进行分析，需要把"首页""用户管理""借书管理""图书管理""统计分析"制作成系统的导航菜单，并且需要制作成母版供其他页面直接引用。

（1）在母版区域新建一个"导航菜单"页面，拖曳一个矩形元件，颜色填充为灰色（#333333），宽度设置为1024，高度设置为43；拖曳3个标签元件，文本内容分别设置为"欢迎您，""Axure""退出"，字体颜色为白色、加粗、16号字体，并把"Axure"的标签命名为"userName"；拖曳一个垂直线，作为间隔线，如图10.8所示。

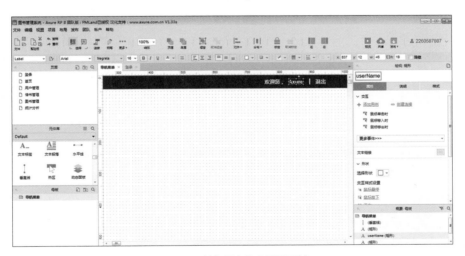

图10.8　制作用户信息显示区域

（2）拖曳一个标签元件，将文本内容重新命名为"图书管理系统"，字体选中华文琥珀，字号设置为48，并将字体设置为粗体、斜体；拖曳一个横线作为导航菜单和内容区域的间隔线，线条颜色为灰色（#CCCCCC），线宽选择第三个线宽，线条的长度为1024，如图10.9所示。

图10.9　添加系统名称

（3）拖曳5个图片元件，作为菜单的图标；拖曳5个标签元件，将文本内容重新命名为"首页""用户管理""借书管理""图书管理""统计分析"，作为菜单的名称；拖曳一个矩形元件，宽度设置为100，高度设置为113，颜色填充为灰色（#CCCCCC），不透明度设置为60，边框设置为无，标签命名为"菜单背景"，并放置在菜单图标和菜单名称的底层，如图10.10所示。

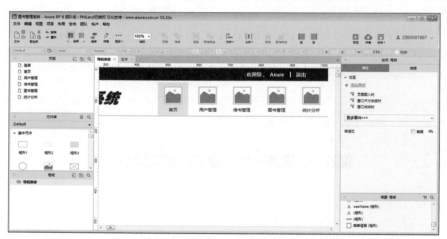

图10.10　添加导航菜单

注意：导航菜单是各个页面共用的功能模块，把它制作成母版，可以实现一次制作、随意引用。

（4）隐藏菜单背景元件，拖曳5个图像热区，分别放置在导航菜单上面；单击菜单"首页"上面的图像热区，添加鼠标单击时用例，显示菜单背景，移动菜单背景的绝对位置到（476，48），在当前窗口打开首页页面，如图10.11所示。

图10.11 给菜单"首页"添加鼠标单击时用例

（5）单击菜单"用户管理"上面的图像热区，添加鼠标单击时用例，显示菜单背景，移动菜单背景的绝对位置到（587,48），在当前窗口打开用户管理页面，如图10.12所示。

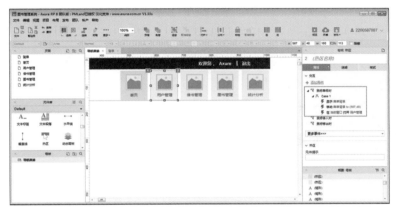

图10.12 给菜单"用户管理"添加鼠标单击时用例

（6）单击菜单"借书管理"上面的图像热区，添加鼠标单击时用例，显示菜单背景，移动菜单背景的绝对位置到（697,48），在当前窗口打开借书管理页面，如图10.13所示。

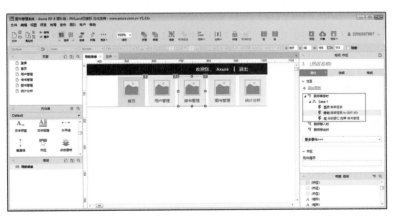

图10.13 给菜单"借书管理"添加鼠标单击时用例

（7）单击菜单"图书管理"上面的图像热区，添加鼠标单击时用例，显示菜单背景，移动菜单背景的绝对位置到（808,48），在当前窗口打开图书管理页面，如图10.14所示。

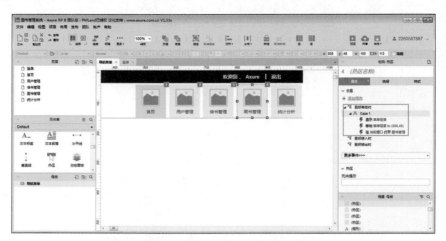

图10.14　给菜单"图书管理"添加鼠标单击时用例

（8）单击菜单"统计分析"上面的图像热区，添加鼠标单击时用例，显示菜单背景，移动菜单背景的绝对位置到（920,48），在当前窗口打开图统计分析页面，如图10.15所示。

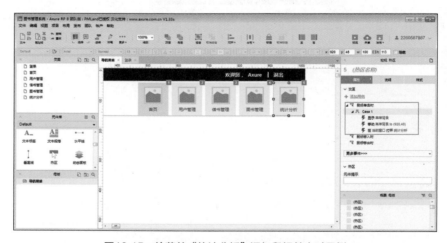

图10.15　给菜单"统计分析"添加鼠标单击时用例

> 注意：菜单背景一般都是以绝对位置方式进行移动，这样可以准确移动到某个位置。

（9）在母版区域上新建一个"内容区域"母版，拖曳两个矩形元件，一个矩形元件的宽度设置为200，高度设置为470，颜色填充为灰色（#CCCCCC），边框设置为无，作为左侧菜单背景；另一个矩形元件的宽度设置为821，高度设置为468，作为内容显示区域，如图10.16所示。

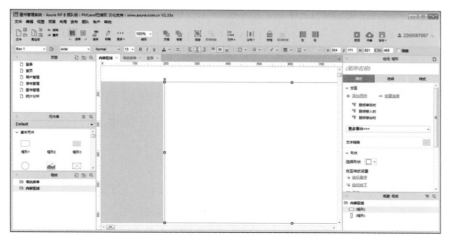

图10.16　制作内容区域母版

（10）设置一个全局变量"name"，默认值为空，如图10.17所示。

图10.17　新增全局变量"name"

注意：为了把用户名传递到下一个页面，需要新增一个全局变量，将输入框里的值赋值给全局变量。

（11）双击站点地图上的"登录"页面，进入到"登录"页面，拖曳一个动态面板元件，将标签命名为"登录验证"；新增两种状态，分别命名为"用户名验证""密码验证"，在两种状态里分别拖曳一个标签元件，将文本内容分别命名为"用户名不能为空，请输入！""密码不能为空，请输入！"，字体颜色设置为红色字体（#FF0000），如图10.18所示。

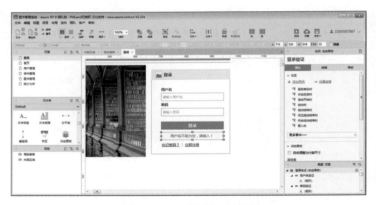

图10.18　登录验证动态面板

（12）隐藏"登录验证"动态面板，给"用户名"输入框添加获得焦点时和失去焦点时用例。获得焦点时，将输入框置为空值；失去焦点时，首先判断输入框是否为空值，如果为空值，设置输入框里的默认值为"请输入用户名"，如图10.19所示。

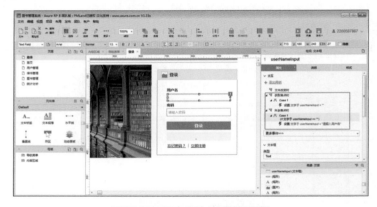

图10.19　用户名输入框添加用例

（13）给"密码"输入框添加获得焦点时和失去焦点时用例。获得焦点时，将输入框置为空值；失去焦点时，首先判断输入框是否为空值，如果为空值，设置输入框里的默认值为"请输入用户名"，如图10.20所示。

图10.20　给密码输入框添加用例

（14）单击"登录"，添加鼠标单击时用例，当用户名和密码输入框都不为空值时，将用户名输入框里的值赋值给全局变量"name"，隐藏"登录验证"动态面板，在当前窗口打开首页页面，如图10.21所示。

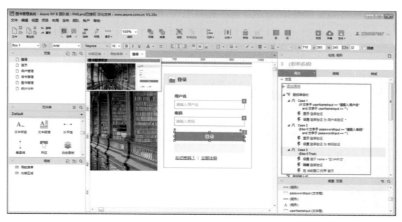

图10.21 给"登录"按钮添加用例

 注意：登录验证时需要动态面板显示验证信息，在不同的状态里添加不同的验证信息。

（15）双击母版区域的"导航菜单"页面，添加页面载入时用例，判断如果变量"name"不为空值时，将变量值赋值给"userName"标签元件，如图10.22所示。

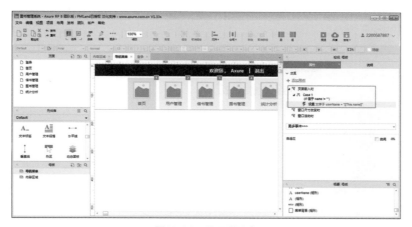

图10.22 显示登录名

注意：在页面载入时，将全局变量的值赋值给显示用户名的标签元件。

（16）将"导航菜单"母版引用到"首页""用户管理""借书管理""图书管理""统计分析"页面；将"内容区域"母版引用到"用户管理""借书管理""图书管理""统计分析"页面，如图10.23所示。

图10.23　新增内容区域母版到页面

10.4.4　首页模块设计

首页主要是进行图书检索的页面，给用户提供查询图书信息的功能。用户可以通过任意输入字符来进行搜索，可以搜索到是否有需要的图书以及它的库存数量。

（1）双击打开首页页面，拖曳一个矩形元件，宽度设置为1024，高度设置为475，线宽设置为第二个宽度，线条颜色设置为灰色（#CCCCCC）；拖曳一个图片元件，作为系统的Logo；再拖曳一个矩形元件，作为搜索框的外边框，颜色设置为蓝色（#0000CC），如图10.24所示。

图10.24　首页内容显示边框

（2）拖曳一个文本框（单行）元件，隐藏边框，默认值为"请输入图书名称"，将标签命名为"search"；再拖曳一个矩形元件，颜色填充为蓝色（#0066FF），文本内容为"搜索"，字号为18，加粗，字体颜色为白色（#FFFFFF），如图10.25所示。

图10.25　添加输入框和"搜索"按钮

注意：一般网站边框都是带颜色的，这时需要矩形元件和文本框（单行）元件，配合使用来制作搜索框。

（3）给输入框添加获得焦点时和失去焦点时用例，获得焦点时设置输入框"search"的值为空；失去焦点时判断是否为空，如果为空值，设置输入框"search"的值为"请输入图书名称"，如图10.26所示。

图10.26　输入框添加交互用例

（4）拖曳5个矩形元件，线宽选择第二个线框，颜色设置为灰色（#D7D7D7），作为图书的显示边框，在这里显示"图书名称""作者""出版时间""库存数量"和"图书简介"，如图10.27所示。

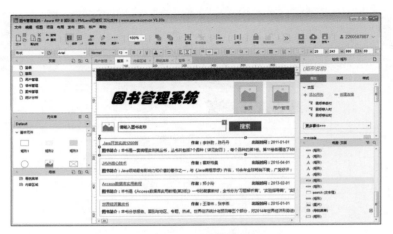

图10.27　显示库里的图书

（5）拖曳4个HTML按钮，将按钮内容分别命名为"首页""上一页""下一页""尾页"；拖曳一个标签元件，将文本内容设置为"1/3共16条"，并把"1/3"标记为红色（#FF0000），作为显示总页数以及总条数；设置首页的页面样式为居中对齐，如图10.28所示。

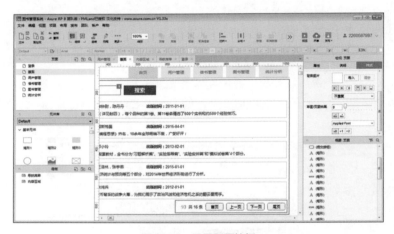

图10.28　设置翻页按钮

注意：页面浏览器中显示的对齐方式为居中对齐时，需要在页面样式里将页面设置为居中对齐。

10.4.5　用户管理模块设计

用户管理主要包括用户注册审核、用户账号冻结、用户注册未通过列表、用户信息维护、个人信息维护5个功能模块。

用户管理模块给系统管理员提供管理普通用户、图书管理员的权限，包括对用户的增加、删除、修改、查询的操作。也就是说系统管理员可以查看当前所有用户或者新增用户，也可根据姓名关键字查询某一个用户，并且对其进行修改、删除、冻结的操作。同时，该模块给普通用户提供一个修改个人信息的权限,包括修改个人的密码、电话、邮箱等属性。

(1)进入到"用户管理"页面,拖曳一个图片元件,作为用户管理的图标;拖曳6个标签元件,将文本内容重新命名为"用户注册审核""用户账号冻结""用户注册未通过列表""用户信息维护""个人信息维护""用户管理";拖曳6个横线元件作为间隔线,如图10.29所示。

图10.29　用户管理功能菜单

(2)拖曳一个动态面板,将标签命名为"菜单选中背景",新增状态为菜单。进入到菜单状态,拖曳两个矩形元件,一个宽度设置为10,高度设置为50,颜色填充为橘色(#FF0000),边框设置为无;另一个矩形元件的宽度设置为190,高度设置为50,边框设置为无;拖曳一个标签元件,将文本内容重新命名为">",字号设置为20,如图10.30所示。

图10.30　制作菜单背景

注意:将动态面板设计为菜单选中的背景,这也是动态面板的一种使用方式。

(3)将"菜单选中背景"动态面板放置于菜单文字的下方,作为菜单选中的背景,如图10.31所示。

图10.31　放置菜单背景

（4）拖曳一个动态面板，将标签命名为"用户管理"，新建5种状态，分别为"用户注册审核""用户账号冻结""用户注册未通过列表""用户信息维护""个人信息维护"；在每种状态里分别放置相应的信息，如图10.32所示。

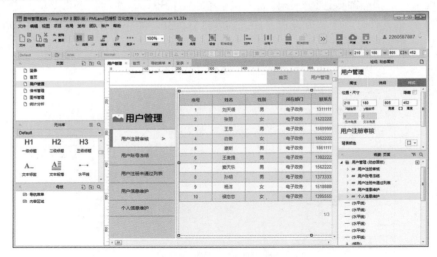

图10.32　用户管理动态面板

（5）拖曳5个图像热区放置在左侧的菜单上面，单击用户注册审核上面的图像热区，添加鼠标单击时用例，移动"菜单选中背景"动态面板的绝对位置到（0, 301），设置"用户管理"动态面板的状态为"用户注册审核"，如图10.33所示。

注意：拖拽图像热区放置在菜单上面，以提高客户单击菜单的体验度，它可以在图像热区范围内触发单击事件。

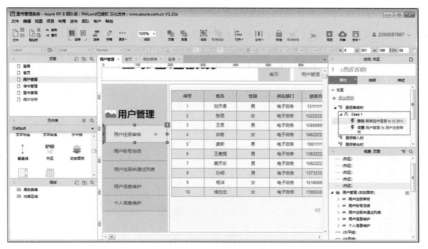

图10.33 给"用户注册审核"添加用例

（6）单击"用户账号冻结"上面的图像热区，添加鼠标单击时用例，移动"菜单选中背景"动态面板的绝对位置到（0, 356），设置"用户管理"动态面板的状态为"用户账号冻结"，如图10.34所示。

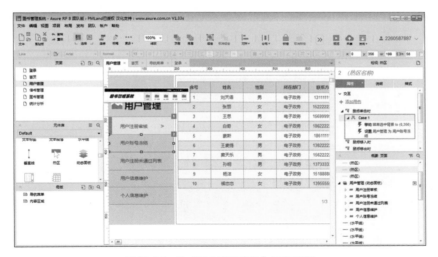

图10.34 给"用户账号冻结"添加用例

（7）单击"用户注册未通过列表"上面的图像热区，添加鼠标单击时用例，移动"菜单选中背景"动态面板的绝对位置到（0, 412），设置"用户管理"动态面板的状态为"用户注册未通过列表"，如图10.35所示。

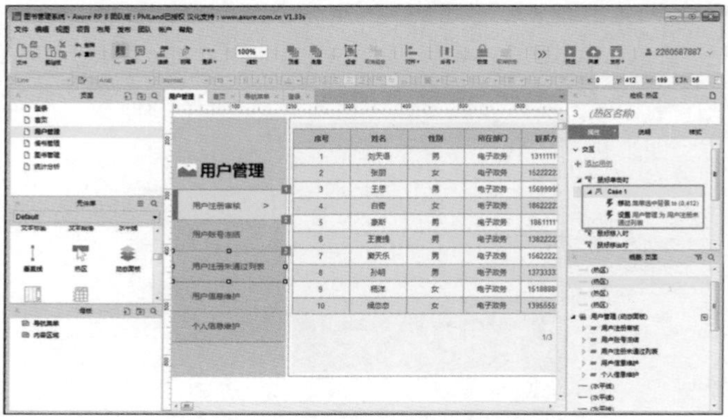

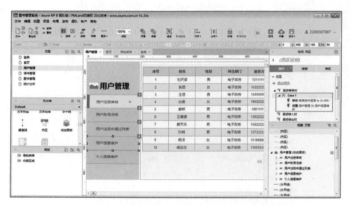

图10.35 给"用户注册未通过列表"添加用例

（8）单击"用户信息维护"上面的图像热区，添加鼠标单击时用例，移动"菜单选中背景"动态面板的绝对位置到（0，468），设置"用户管理"动态面板的状态为"用户信息维护"，如图10.36所示。

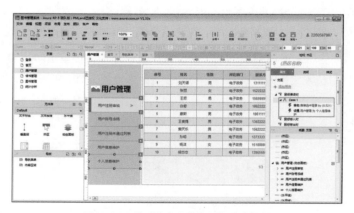

图10.36 给"用户信息维护"添加用例

（9）单击"个人信息维护"上面的图像热区，添加鼠标单击时用例，移动"菜单选中背景"动态面板的绝对位置到（0，521），设置"用户管理"动态面板的状态为"个人信息维护"，如图10.37所示。

图10.37 给"个人信息维护"添加用例

10.4.6 借书管理模块设计

借书管理主要包括借书登记、还书登记、续借登记、借阅记录查询4个功能模块。

借阅管理页面主要提供书籍的借阅、书籍的归还、借阅记录的查询、遗失登记、续借图书、预约图书功能，系统管理员可以通过查询借阅记录和遗失登记更好地管理图书。

（1）进入"借书管理"页面，拖曳一个图片元件，作为借书管理的图标；拖曳5个标签元件，将文本内容重新命名为"借书登记""还书登记""续借登记""借阅记录查询""用户管理"；拖曳5个横线元件作为间隔线，如图10.38所示。

图10.38　借书管理功能菜单

（2）从"用户管理"页面复制"菜单选中背景"动态面板到"借书管理"页面，并且放置于菜单文字的下方，作为菜单选中的背景，如图10.39所示。

图10.39　放置菜单背景

注意：如果有的功能模块一样，可以把相关元件通过复制的方式复制到新的页面使用。

（3）拖曳一个动态面板，将标签命名为"借书管理"，新建4种状态，分别为"借书登记""还书登记""续借登记""借阅记录查询"；在每种状态里分别放置相应的信息，如图10.40所示。

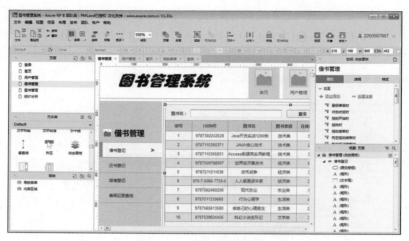

图10.40　借书管理动态面板

（4）拖曳4个图像热区放置在左侧的菜单上面；单击"借书登记"上面的图像热区，添加鼠标单击时用例，移动"菜单选中背景"动态面板的绝对位置到（0，305），设置"借书管理"动态面板的状态为"借书登记"，如图10.41所示。

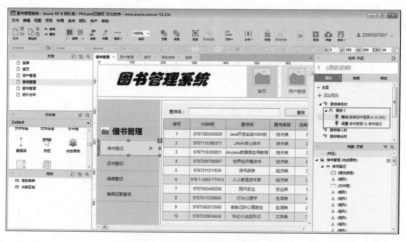

图10.41　给"借书登记"添加用例

（5）单击"还书登记"上面的图像热区，添加鼠标单击时用例，移动"菜单选中背景"动态面板的绝对位置到（0，356），设置"借书管理"动态面板的状态为"还书登记"，如图10.42所示。

图10.42　给"还书登记"添加用例

（6）单击"续借登记"上面的图像热区，添加鼠标单击时用例，移动"菜单选中背景"动态面板的绝对位置到（0, 406），设置"借书管理"动态面板的状态为"续借登记"，如图10.43所示。

图10.43　给"续借登记"添加用例

（7）单击"借阅记录查询"上面的图像热区，添加鼠标单击时用例，移动"菜单选中背景"动态面板的绝对位置到（0, 456），设置"借书管理"动态面板的状态为"借阅记录查询"，如图10.44所示。

图10.44　给"借阅记录查询"添加用例

10.4.7 图书管理模块设计

图书管理主要包括图书维护、图书遗失列表两个功能模块，给图书管理员提供管理图书信息的平台，支持图书管理员对图书的增加、删除、修改、查询、详细信息查询、预约等操作。

（1）进入"图书管理"页面，拖曳一个图片元件，作为图书管理的图标；拖曳3个标签元件，将文本内容重新命名为"图书管理""图书维护""图书遗失列表"；拖曳3个横线元件作为间隔线，如图10.45所示。

图10.45 图书管理功能菜单

（2）从"用户管理"页面复制"菜单选中背景"动态面板到"图书管理"页面，并且放置于菜单文字的下方，作为菜单选中的背景，如图10.46所示。

图10.46 放置菜单背景

（3）拖曳一个动态面板，将标签命名为"图书管理"，新建两种状态，分别为"图书维护""图书遗失列表"；在每种状态里分别放置相应的信息，如图10.47所示。

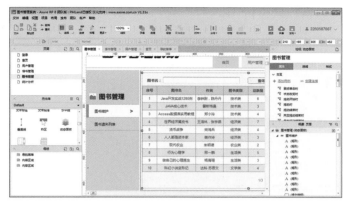

图10.47　图书管理动态面板

（4）拖曳两个图像热区放置在左侧的菜单上面；单击"图书维护"上面的图像热区，添加鼠标单击时用例，移动"菜单选中背景"动态面板的绝对位置到（0，306），设置"图书管理"动态面板的状态为"图书维护"，如图10.48所示。

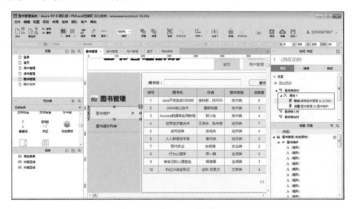

图10.48　给"图书维护"添加用例

（5）单击"图书遗失列表"上面的图像热区，添加鼠标单击时用例，移动"菜单选中背景"动态面板的绝对位置到（0，356），设置"图书管理"动态面板的状态为"图书遗失列表"，如图10.49所示。

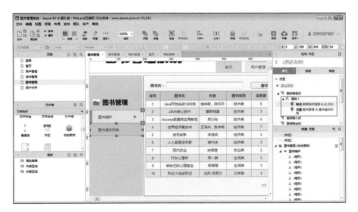

图10.49　给"图书遗失列表"添加用例

10.4.8 统计分析模块设计

统计分析主要包括借书情况统计、借书人数趋势、图书列表统计3个功能模块。

统计分析给图书管理员提供对按月统计借书、还书、遗失情况，按月统计借书人数的趋势情况，以及对图书类别进行统计，这样图书管理员可以有针对性地进行购书情况上报，增加图书管理的有效性。

（1）进入"统计分析"页面，拖曳一个图片元件，作为统计分析的图标；拖曳4个标签元件，将文本内容重新命名为"统计分析""借书情况统计""借书人数趋势""图书列表统计"；拖曳4个横线元件作为间隔线，如图10.50所示。

图10.50　统计分析功能菜单

（2）从"用户管理"页面复制"菜单选中背景"动态面板到"统计分析"页面，并且放置于菜单文字的下方，作为菜单选中的背景，如图10.51所示。

图10.51　放置菜单背景

（3）拖曳一个内部框架元件，将标签命名为"统计分析"，隐藏内部框架的边框；设置内部框架默认显示的借书情况统计的HTML页面，如图10.52所示。

图10.52 统计分析内部框架

注意：使用内部框架的方式显示统计分析页面的内容，内部框架可以设置默认显示的页面。

（4）拖曳3个图像热区放置在左侧的菜单上面；单击"借书情况统计"上面的图像热区，添加鼠标单击时用例，移动"菜单选中背景"动态面板的绝对位置到（0, 306），使用内部框架打开外部引入的"借书情况统计"的html页面，如图10.53所示。

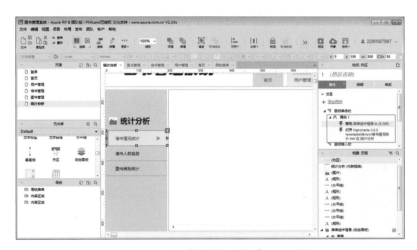

图10.53 给"借书情况统计"添加用例

（5）单击"借书人数趋势"上面的图像热区，添加鼠标单击时用例，移动"菜单选中背景"动态面板的绝对位置到（0, 356），使用内部框架打开外部引入的"借书人数趋势"的html页面，如图10.54所示。

图10.54 给"借书人数趋势"添加用例

（6）单击"图书类别统计"上面的图像热区，添加鼠标单击时用例，移动"菜单选中背景"动态面板的绝对位置到（0，406），使用内部框架打开外部引入的"图书类别统计"的html页面，如图10.55所示。

图10.55 给"图书类别统计"添加用例

注意：Highchart统计报表是设计人员需要掌握的报表，它可以快速设计出各种图标供设计人员使用，同时也是统计分析功能模块常用到的统计报表。

（7）设置"首页""用户管理""借书管理""图书管理""统计分析"5个页面的页面样式设置为居中对齐，如图10.56所示。

（8）按快捷键F8发布制作的原型，实现"图书管理系统"原型的制作，如图10.57所示。

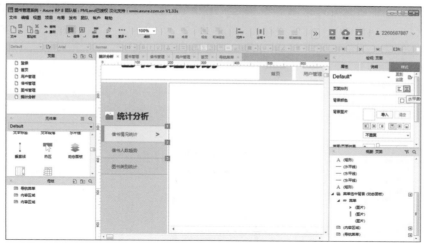

图10.56　设置页面对齐方式

图10.57　发布原型

10.5　关键技术讲解

　　本章的难点在于首先要充分理解客户的需求，对需求进行分析，在理解需求的基础上划分出系统的功能模块；接着依据功能模块对页面布局进行设计，把功能模块组合起来，实现页面的整体布局；然后把共用的功能做成母版，例如导航菜单功能，实现制作一次，其他页面直接引用；最后学会制作动态面板来制作菜单选中背景，进一步拓展动态面板元件的使用。充分深入使用母版、内部框架、动态面板、全局变量，也是制作原型高级交互的基础。

第11章　App设计："微信"

"微信"移动手机App软件，是用户用来交友聊天的软件。自从"微信"软件推出之后，深受用户的喜爱。下面通过Axure原型设计工具来制作"微信"的高保真原型，进一步了解Axure原型设计工具如何设计移动App软件，以及掌握移动App常用的交互效果。微信界面如图11.1所示。

图11.1　微信界面

11.1　需求描述

"微信"原型设计需要完成如下需求。

（1）"微信"登录功能，当手机号未输入时，提示"请输入手机号"；当密码未输入时，提示"请输入密码"；当手机号和密码都输入时，登录到"微信"。

（2）"微信"进入首页之前的软件动画效果，向左侧滑动效果。

（3）导航菜单"微信""通讯录""发现""我"之间可以相互切换，显示相应的内容。

（4）实现给好友发送聊天内容。

（5）实现上下拖曳微信页面内容效果。

（6）单击"+"时显示下拉菜单，再次单击时隐藏下拉菜单。

11.2　设计思路

完成"微信"原型设计的需求，需要使用以下知识点。

（1）"微信"的登录功能，需要设置不同的条件显示不同的提示信息，因此要用到动态面板元件。

（2）在一个动态面板里添加进入动画效果的状态，依次展示动态面板的状态，就可以实现软件进入动画的效果。

（3）导航菜单切换效果同样需要在一个动态面板里设置几种状态，实现状态之间的切换效果。

（4）给好友发送聊天内容，需要新建两个全局变量，一个用来保存以往的聊天内容，一个用来保存刚发出去的聊天内容，从而达到聊天的效果。

（5）上下拖曳微信页面内容，需要添加拖曳动态面板时用例和结束拖曳动态面板时用例。

（6）显示或者隐藏下拉菜单，需要采用全局变量进行控制。

11.3 准备工作

制作"微信"高保真原型设计，需要从微信软件上截取如下图片，并将图片存放在第11章里的微信图片文件夹。

（1）登录时需要用到的图片：登录、登录按钮、登录与注册图片。

（2）进入动画效果需要用到的图片：进入微信动画1、进入微信动画2、进入微信动画3、进入微信动画4图片。

（3）导航菜单需要用到的图片：微信导航、通讯录导航、发现导航、我导航图片。

（4）顶部内容和页面内容需要用到的图片：顶部信息、微信内容、通讯录内容、发现内容、我内容图片。

（5）通讯录联系人需要用到的图片：通讯录之白天赐、通讯录之白小花、通讯录之陈贺、微信之白小花、头像图片。

（6）会话聊天页面需要用到的图片：会话界面图片。

（7）下拉菜单效果需要用到的图片：下拉菜单图片。

11.4 原型制作

11.4.1 微信登录功能

在使用微信软件功能前，需要先登录到软件里，当手机号未输入时，提示"请输入手机号"；当密码未输入时，提示"请输入密码"；当手机号和密码都输入时，登录到"微信"。

（1）载入Android.rplib元件库，拖曳一个device-phone元件作为手机背景，宽度设置为345，高度设置为550，页面样式设置为居中对齐方式，如图11.2所示。

图11.2　手机背景

（2）拖曳一个动态面板元件，将标签命名为"微信页面"；新建两种状态，分别命名为"登录与注册页面""登录"。拖曳两个图片元件到两个状态里，分别用登录与注册、登录图片替换图片元件，如图11.3所示。

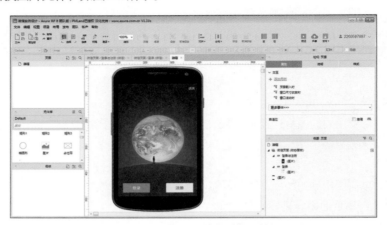

图11.3　添加微信页面动态面板及状态

（3）进入到"微信页面"动态面板的登录与注册状态里，拖曳一个图像热区元件到工作区域，放置在"登录"按钮上面。给图像热区添加鼠标单击时用例，设置"微信页面"动态面板状态到"登录"状态，进入时动画选向左滑动，时间为500ms，如图11.4所示。

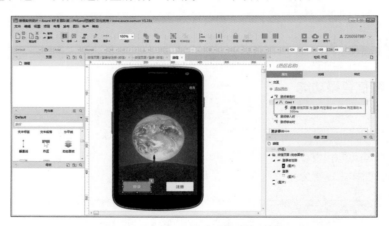

图11.4　添加"登录"图像热区及用例

（4）拖曳两个文本框（单行）元件到"微信页面"动态面板的登录状态里，文本框默认文字分别设置为"你的手机号码""填写密码"，字体颜色设置为灰色（#CCCCCC），标签分别命名为"numInput""pwtInput"，如图11.5所示。

注意：添加图像热区元件，是为了在某一区域单击时响应事件，在图像热区上可以添加交互事件，以实现局部响应交互事件。

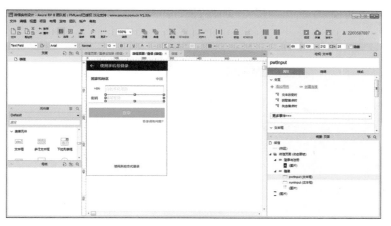

图11.5　添加两个文本输入框

（5）分别在"numInput"输入框和"pwtInput"输入框上单击鼠标右键，选择"隐藏边框"命令，将输入框的边框隐藏。同时给输入框添加获得焦点与失去焦点时用例，"numInput"输入框在获得焦点时输入框设置文本为空，失去焦点时判断输入框是否为空，如果为空将输入框文本设置为"你的手机号码"；"pwtInput"输入框在获得焦点时设置文本为空，失去焦点时判断输入框是否为空，如果为空将输入框文本设置为"填写密码"，如图11.6所示。

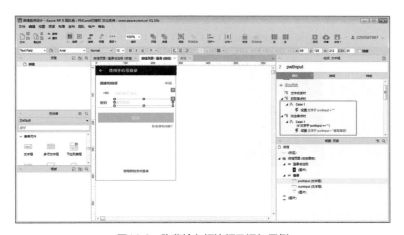

图11.6　隐藏输入框边框及添加用例

　　注意：获得焦点时触发事件和失去焦点时触发事件是输入框常用的触发事件，是我们必须掌握的输入框交互行为的设置。

（6）拖曳一个动态面板到登录状态里，将标签命名为"登录验证"；新增两种状态，分别是"手机号验证"和"密码验证"；分别进入到两种状态里，拖曳一个标签元件，标签文本内容分别设置为"请填写手机号码""请填写密码"，字体颜色为红色（#FF0000），字号为16，如图11.7所示。

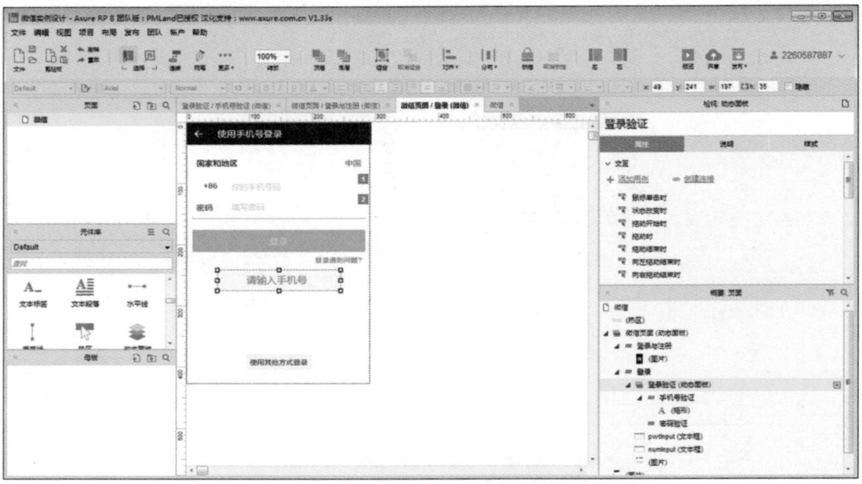

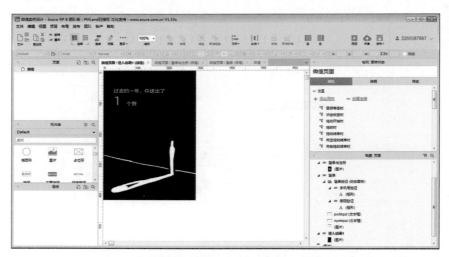

图11.7　添加登录验证动态面板

（7）在"微信页面"动态面板里新增一个"进入动画1"状态，拖曳一个图片元件到工作区域，用进入微信动画1图片替换图片元件，此状态页面作为登录后进入的页面，如图11.8所示。

图11.8　微信页面动态面板新增"进入动画1"状态

（8）隐藏"登录验证"动态面板。拖曳一个图像热区到登录状态里，放置在"登录"按钮的上面。给图像热区添加鼠标单击时用例，新增条件，当"numInput"输入框为空或者为"你的手机号码"时，显示"登录验证"动态面板的手机号验证状态提示；当"pwtInput"输入框为空或者为"填写密码"时，显示"登录验证"动态面板的密码状态提示；当都不为空时，设置"微信动态面板"的状态到"进入动画1"状态，进入时动画选择向左滑动，时间为500毫秒，如图11.9所示。

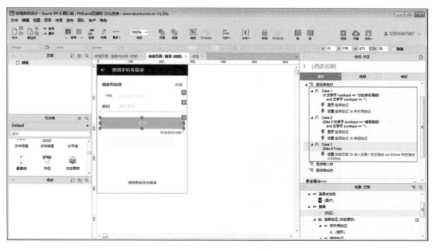

图11.9 进行登录验证

注意：进行登录验证，单击"登录"按钮时，有3个用例，系统会按用例的顺序执行，当用例1和用例2条件都不满足时，执行用例3。

11.4.2 软件进入动画效果

在首次使用微信时，登录后会有几个页面对用户进行引导，给出一些提示信息。下面来制作进入软件引导的动画效果。

（1）在"微信页面"动态面板中新建3个状态，分别为"进入动画2""进入动画3""进入动画4"；在3个状态里分别拖曳一个图片元件，分别用进入微信动画2、进入微信动画3、进入微信动画4的图片替换图片元件，如图11.10所示。

图11.10 新增微信页面状态及添加图片

（2）在"微信页面"动态面板中"进入动画1"状态，给图片添加鼠标单击时用例，设置动态面板"微信页面"到"进入动画2"状态，进入动画时选向左滑动，时间为500毫秒，如图11.11所示。

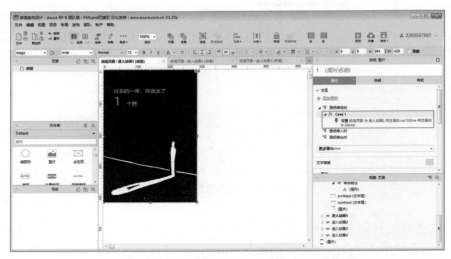

图11.11　给"进入动画1状态"的图片里添加用例

（3）在"微信页面"动态面板中"进入动画2"状态，给图片添加鼠标单击时用例，设置动态面板"微信页面"到"进入动画3"状态，进入动画时选向左滑动，时间为500毫秒，如图11.12所示。

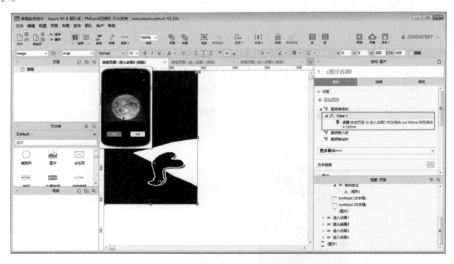

图11.12　给"进入动画2"状态的图片里添加用例

（4）在"微信页面"动态面板中"进入动画3"状态，给图片添加鼠标单击时用例，设置动态面板"微信页面"到"进入动画4"状态，进入动画时选向左滑动，时间为500毫秒，如图11.13所示。

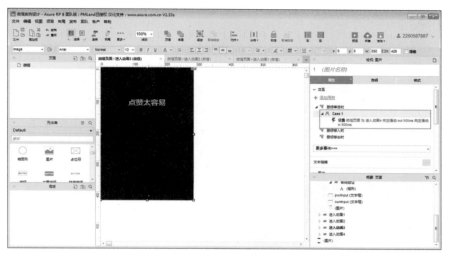

图11.13 给"进入动画3"状态里的图片添加用例

（5）在"微信页面"动态面板中"进入动画4"状态，给图片添加鼠标单击时用例，设置动态面板"微信页面"到"进入动画1"状态，进入动画时选向右滑动，时间为500毫秒，如图11.14所示。

图11.14 给"进入动画4"状态里的图片添加用例

注意：进入动画效果采用动态面板元件实现，新增动态面板元件的状态，在状态里设计进入动画的页面，添加交互效果，实现状态按顺序的切换，以达到进入软件的动态效果。

11.4.3 导航菜单切换效果

在微信主界面的底部导航菜单有"微信""通讯录""发现""我"4个导航菜单，单击每个菜单可以显示不同的微信内容，从而实现菜单的切换效果。

（1）在"微信页面"动态面板中"进入动画4"状态里，拖曳3个动态面板元件，将标签分别命名为"微信下部导航""微信顶部信息""微信中部内容"，如图11.15所示。

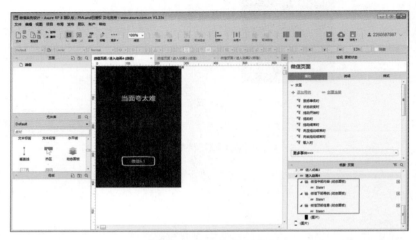

图11.15 新建3个动态面板

（2）在"微信下部导航"动态面板里新增4种状态，分别命名为"微信""通讯录""发现""我"；在4个状态里分别拖曳一个图片元件，用微信导航、通讯录导航、发现导航、我导航图片分别替换相应的图片元件，如图11.16所示。

图11.16 给"微信下部导航"新建4种状态

注意：导航菜单的切换效果采用动态面板实现，在动态面板的状态里分别添加选中菜单的图片，以达到菜单切换的效果。

（3）在"微信顶部信息"动态面板里新增一种状态，命名为"顶部"，在这个状态里拖曳一个图片元件，用顶部图片替换图片元件，如图11.17所示。

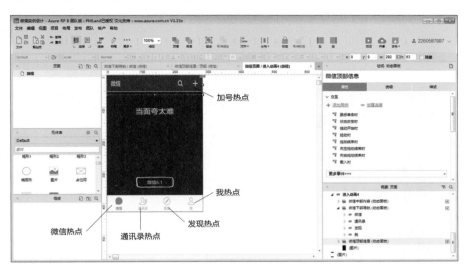

图11.17 给"微信顶部信息"新建一种状态

（4）在"微信中部内容"动态面板里新增4种状态，分别命名为"微信内容页面""通讯录内容页面""发现内容页面""我内容页面"；在微信内容页面状态里拖曳一个动态面板元件，这个动态面板的标签命名为"微信内容"，新增一种状态，状态名称为"内容"，这个动态面板是为上下拖曳导航菜单微信内容做准备的，如图11.18所示。

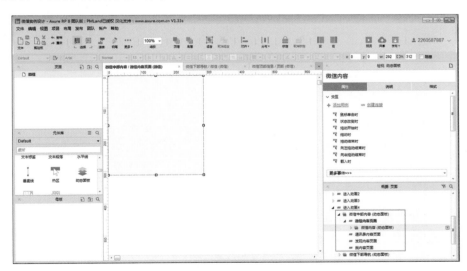

图11.18 给"微信中部内容"新建4种状态

🔊 注意：因为微信内容要设计成可以上下拖曳，这需要动态面板元件来实现，所以添加"微信内容"动态面板。

（5）在"微信中部内容"动态面板的"通讯录内容页面""发现内容页面""我内容页面"状态里分别拖曳一个图片元件，用通信录内容、发现内容、我内容图片分别替换相应的图片元件；在"微信内容"动态面板的内容状态里，拖曳一个图片元件，用微信内容图片替换图片元件，如图11.19所示。

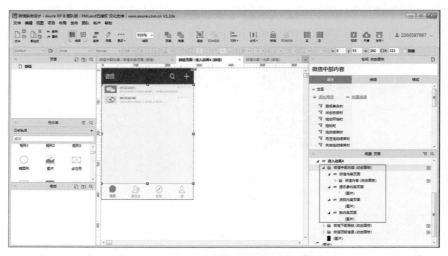

图11.19　给动态面板状态里添加内容

（6）拖曳5个图像热区元件到工作区域，将标签分别命名为"微信热点""通讯录热点""发现热点""我热点""加号热点"，如图11.20所示。

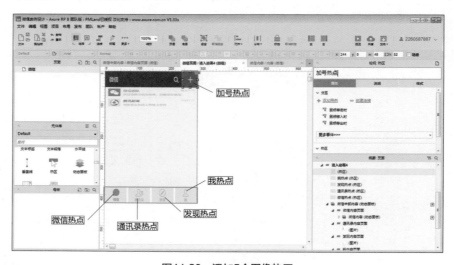

图11.20　添加5个图像热区

注意：为了实现局部单击时触发事件，需要图像热区元件来实现，以实现局部单击时交互效果。

（7）单击"微信热点"图像热区，添加鼠标单击时用例，设置动态面板"微信中部内容"状态为"微信内容页面"，设置动态面板"微信下部导航"状态为"微信"，如图11.21所示。

图11.21　给"微信热点"添加用例

（8）单击"通讯录热点"图像热区，添加鼠标单击时用例，设置动态面板"微信中部内容"状态为"通讯录内容页面"，设置动态面板"微信下部导航"状态为"通讯录"，如图11.22所示。

图11.22　给"通讯录热点"添加用例

（9）单击"发现热点"图像热区，添加鼠标单击时用例，设置动态面板"微信中部内容"状态为"发现内容页面"，设置动态面板"微信下部导航"状态为"发现"，如图11.23所示。

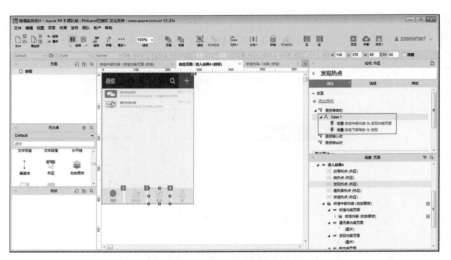

图11.23　给"发现热点"添加用例

（10）单击"我热点"图像热区，添加鼠标单击时用例，设置动态面板"微信中部内容"状态为"我内容页面"，设置动态面板"微信下部导航"状态为"我"，如图11.24所示。

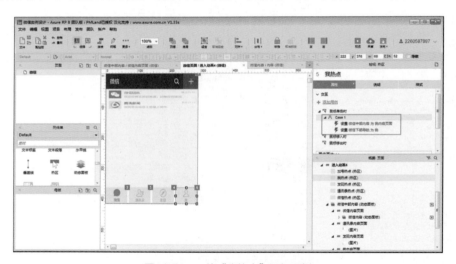

图11.24　　给"我热点"添加用例

注意：在设置导航菜单用例时，不仅要切换导航菜单选中效果，同时要切换微信显示的内容。

（11）将"微信顶部内容""微信中部内容""微信下部导航"动态面板和"微信热点""通讯录热点""发现热点""我热点""加号热点"图像热区隐藏起来，并置于底层，如图11.25所示。

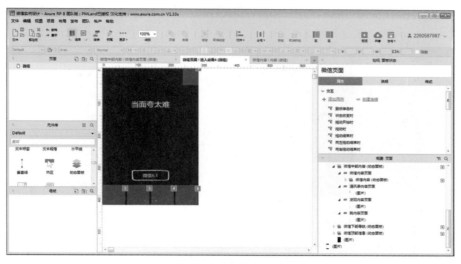

图11.25　隐藏动态面板及图像热区

（12）拖曳一个图像热区到"进入动画4"状态里，将标签命名为"进入热点"，添加鼠标单击时用例，显示"微信下部导航" "微信顶部信息" "微信中部内容"3个动态面板以及"通讯录热点" "微信热点" "发现热点" "我热点"和"加号热点"图像热区，如图11.26所示。

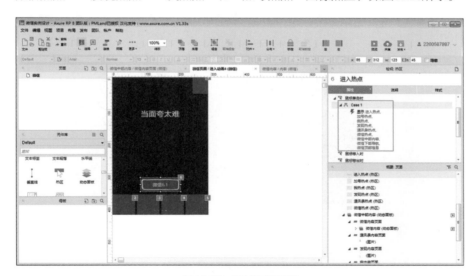

图11.26　添加显示用例

（13）给进入热点的鼠标单击时用例1添加设置动态面板状态，设置动态面板"微信下部导航"的微信状态，进入动画时选向左滑动，时间为500毫秒；设置动态面板"微信顶部信息"的顶部状态，进入动画时选向左滑动，时间为500毫秒；设置动态面板"微信中部内容"的微信内容页面状态，进入动画时选向左滑动，时间为500毫秒，如图11.27所示。

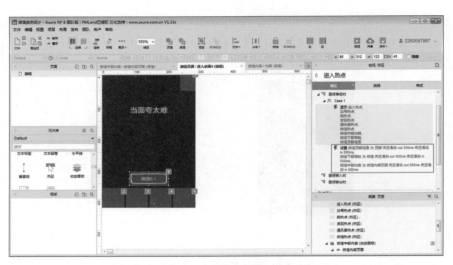

图11.27　设置动态面板用例

（14）给进入热点的鼠标单击时用例1添加置于顶层用例，将"微信下部导航" "微信顶部信息" "微信中部内容"的动态面板置于顶层；将"微信热点" "通讯录热点" "发现热点" "我热点" "加号热点"图像热区置于顶层，如图11.28所示。

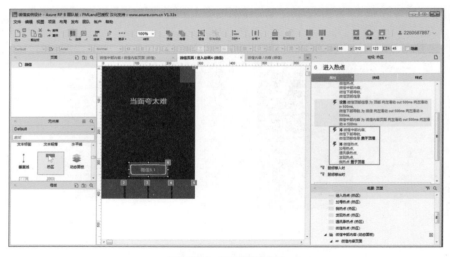

图11.28　置于顶层用例

注意：微信页面所有的功能都是在一个页面实现的，所以要把执行的元件或者图片置于顶层，否则其他元件覆盖在上面时，下面的交互行为无法操作。

（15）按快捷键F8发布制作的原型，实现导航菜单切换效果，如图11.29所示。

图11.29　发布原型

11.4.4　给好友发送聊天内容

微信作为一款聊天交友工具而被大家广泛使用，用户可以和好友聊天，发送聊天内容。同样，我们设计的原型工具也可以给好友发送聊天内容。

（1）单击站点地图上"微信"页面，拖曳一个动态面板到工作区域，将标签命名为"微信会话页面"，新增一个动态面板的状态，重新命名为"会话"；拖曳一个图片元件到工作区域，用会话界面图片替换图片元件，将"微信会话页面"动态面板隐藏起来并且下移一层，如图11.30所示。

图11.30　新增微信会话页面动态面板

（2）进入到"微信内容"动态面板的内容状态，拖曳一个图片元件到工作区域，用微信之白小花图片替换图片元件，如图11.31所示。

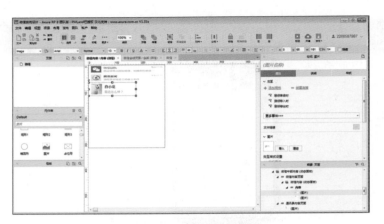

图11.31　给内容状态添加图片

（3）进入到"微信中部内容"动态面板的"通讯录内容页面"状态，拖曳3个图片元件到工作区域，用通讯录之白小花、通讯录之白天赐、通讯录之陈贺图片替换图片元件，如图11.32所示。

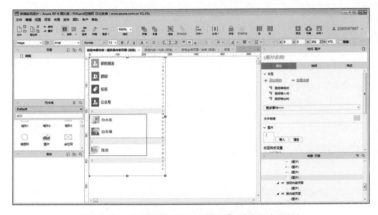

图11.32　给"通讯录内容页面"状态添加图片

（4）进入到"微信中部内容"动态面板的"我内容页面"状态，拖曳一个图片元件到工作区域，用头像图片替换图片元件，拖曳一个标签元件到工作区域，文本内容重新命名为"Kevin"，如图11.33所示。

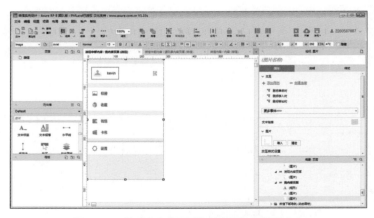

图11.33　给"我内容页面"状态添加图片及文字

（5）新增两个全局变量，分别命名为"oldContent""newContent"，默认值为空值；"oldContent"变量存储以前的聊天内容，而"newContent"变量存储刚发送的聊天内容，如图11.34所示。

图11.34　新增两个全局变量

（6）进入到"微信内容"动态面板的内容状态里，给白小花图片添加鼠标单击时用例，显示"微信会话页面"动态面板，将"微信会话页面"动态面板置于顶层，如图11.35所示。

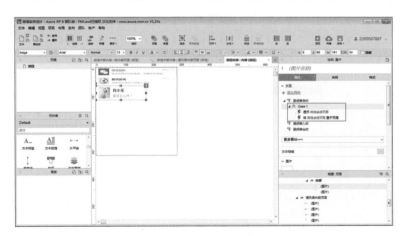

图11.35　给白小花图片添加用例

> 注意：为了实现会话聊天的效果，需要两个全局变量，一个全局变量用来存储聊天历史记录，另一个全局变量用来存储新的聊天记录。

（7）进入到"微信会话页面"动态面板的会话状态里，拖曳一个文本框（单行）元件到工作区域，将标签命名为"input"，拖曳一个标签元件到工作区域，文本内容为"kevin：最近怎么样？"，字体颜色设置为红色（FF0000），字号为16，标签命名为"contentShow"，如图11.36所示。

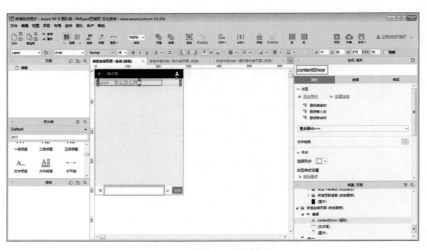

图11.36　新增输入框和聊天内容

（8）单击"input"输入框，单击鼠标右键选择"隐藏边框"命令，将输入框的边框隐藏起来；拖曳一个图像热区元件到"发送"按钮上面，将标签命名为"submit"。给"submit"图像热区添加鼠标单击时用例，新增条件输入框如果不为空值，设置变量"newContent"的值为输入框里的值，如图11.37所示。

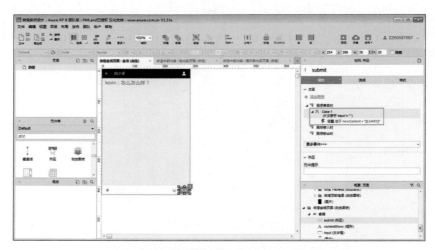

图11.37　将输入框里的值赋值给"newContent"变量

（9）给"submit"图像热区继续添加鼠标单击时用例，设置变量"oldContent"的值为元件文字"contentShow"的值，如图11.38所示。

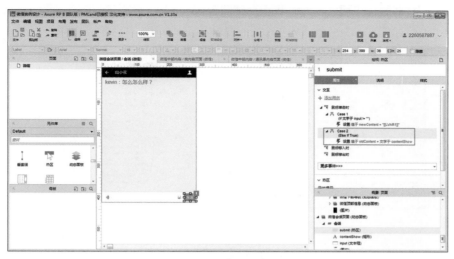

图11.38 设置"oldContent"的值

（10）给"submit"图像热区继续添加鼠标单击时用例，设置文本"contentShow"的值为变量"oldContent"的值和变量"newContent"的值，设置文本方式采用富文本方式，如图11.39所示。

图11.39 设置"contentShow"的值

注意：为了给文本内容设置样式（包括字体系列、字号、加粗等样式），需要通过富文本的方式来设置文本内容。

（11）给"submit"图像热区继续添加鼠标单击时用例，将"input"输入框设置为空值，如图11.40所示。

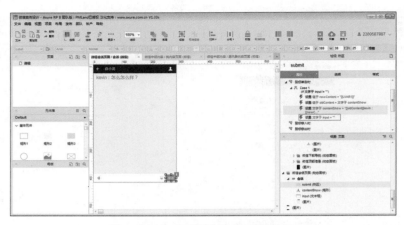

图11.40　将"input"输入框的值置为空

（12）拖曳一个图像热区到工作区域，将标签命名为"back"，放置在返回箭头上，添加鼠标单击时用例，隐藏"微信会话页面"动态面板，并且将其置于底层，如图11.41所示。

图11.41　添加返回功能

（13）按快捷键F8发布制作的原型，实现给好友发送聊天内容的效果，如图11.42所示。

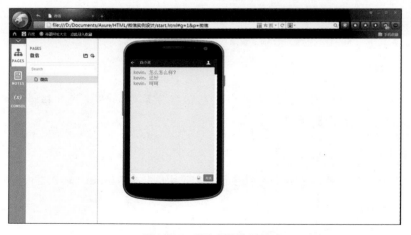

图11.42　发布制作的原型

11.4.5　上下拖曳微信页面内容

安装在移动端的软件，都会有这样一个效果，当一个页面有很长内容时，可以向下拖曳页面加载新的内容，微信同样也有这样的效果。下面来实现上下拖曳微信页面内容效果。

（1）进入"微信"动态面板的"微信内容页面"状态里，给"微信内容"动态面板添加拖曳动态面板时用例，移动"微信内容"动态面板垂直拖曳，如图11.43所示。

图11.43　添加动态面板拖动时用例

（2）进入"微信"动态面板的"微信内容页面"状态里，给"微信内容"动态面板添加结束拖曳动态面板时用例，新增条件为"微信内容"动态面板的元件范围接触到"微信顶部信息"动态面板的元件范围，如图11.44所示。

图11.44　新增动态面板拖动结束时接触到微信顶部信息条件

（3）当"微信内容"动态面板的元件范围接触到"微信顶部信息"动态面板的元件范围时，移动"微信内容"动态面板到绝对位置x为0、y为0，时间为200ms，如图11.45所示。

图11.45　新增移动"微信内容"动态面板用例

（4）新增条件当"微信内容"动态面板的元件范围接触到"微信下部导航"动态面板的元件范围时，移动"微信内容"动态面板到绝对位置x为0、y为0，时间为200ms，如图11.46所示。

图11.46　新增移动"微信内容"动态面板用例

注意：实现微信内容拖动效果，需要设置微信内容在某一个范围内进行拖动，在这里我们设置"微信顶部信息"动态面板和"微信下部导航"动态面板作为两个临界点。

（5）按快捷键F8发布制作的原型，实现上下拖曳微信页面内容效果，如图11.47所示。

图11.47　发布原型

11.4.6 显示、隐藏下拉菜单

微信通过单击右上方的"+"可以显示下拉菜单和隐藏下拉菜单，单击一次"+"显示下拉菜单，再次单击隐藏下拉菜单。

（1）将进入动画4图片移到底层，拖曳一个动态面板，将标签命名为"下拉菜单"，新增一个状态，命名为"菜单"；拖曳一个图片元件到工作区域，用加号图片替换图片元件，如图11.48所示。

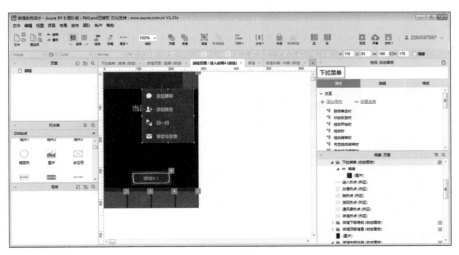

图11.48　新增下拉菜单动态面板

（2）隐藏下拉菜单动态面板，新增一个全局变量"flag"，默认值为0，单击"加号热点"图像热区，添加鼠标单击时用例，新增条件当变量"flag"值为0时，显示"下拉菜单"动态面板，并置于顶层，并设置"flag"值为1，如图11.49所示。

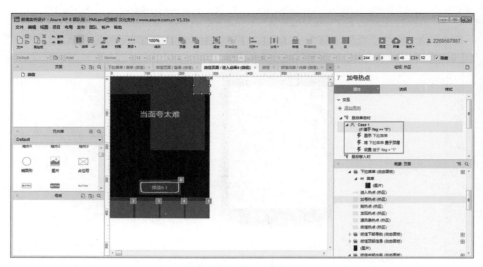

图11.49　显示下拉菜单

（3）新增条件当变量"flag"值为1时，隐藏"下拉菜单"动态面板，并置于底层，并设置"flag"值为0，如图11.50所示。

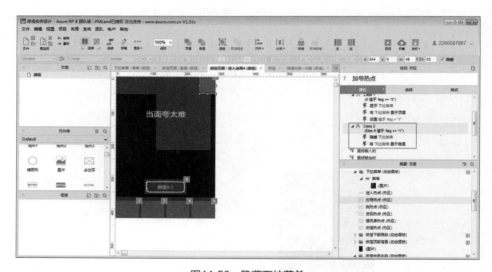

图11.50　隐藏下拉菜单

注意：下拉菜单的显示与隐藏需要通过一个全局变量来设置，通过变量值来判断下拉菜单是显示还是隐藏起来。

（4）将"微信下部导航""微信顶部信息""微信中部内容""下拉菜单"动态面板和"微信热点""通讯录热点""发现热点""我热点""加号热点"图像热区同时选中，并置于底层，如图11.51所示。

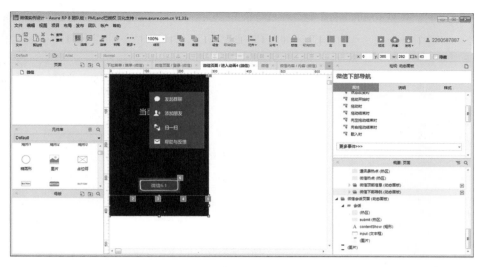

图11.51　调整显示顺序

（5）按快捷键F8发布制作的原型，实现显示、隐藏下拉菜单，如图11.52所示。

本实例就完成了需求描述所要实现的效果。

图11.52　发布原型

11.5　关键技术讲解

在制作"微信"原型过程中，需要使用如下关键技术。

（1）"微信"原型设计的难点在于所有的设计在一个页面完成，这样会使用大量的动态面板，使用动态面板时要处理好各个动态面板的上下顺序关系以及层级关系、显示与隐藏关系和面板状态的显示关系。处理好这些关系，制作"微信"原型会轻松很多。

（2）在制作原型的过程中，我们使用了拖曳动态面板时和结束拖曳动态面板时触发事件，这两个触发事件是以前没有接触过的，它们进一步深化了动态面板的使用。

（3）在设置文本内容时使用富文本的方式设置文本，可以格式化地设置文本内容。

第12章 邮箱设计:"QQ邮箱"

在制作原型的过程中,设计者往往根据不同的使用目的来决定设计高保真原型还是低保真原型。如果原型用来给客户进行演示,从而来征服客户获得项目或者概念化的原型设计,我们可以采用高保真原型;如果原型用来和软件设计人员及开发人员内部沟通,我们可以采用低保真原型。高保真原型要先制作低保真原型,然后由UI美工人员制作图片,最后把图片替换到低保真原型,添加交互操作,就可以完成高保真原型制作。本章通过制作"QQ邮箱"首页低保真原型,使读者掌握低保真原型的制作过程。QQ邮箱首页如图12.1所示。

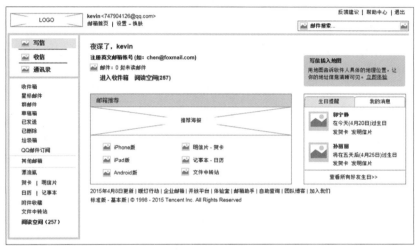

图12.1 QQ邮箱首页

12.1 需求描述

"QQ邮箱"首页原型设计需要完成如下需求。

(1)首页采用上左右结构,上面结构放置邮箱首页、设置、换肤、反馈建议、帮助中心、退出的链接以及邮件搜索框。

(2)邮件搜索框可以进行手动输入,也可以进行下拉选项内容的搜索。

(3)邮箱首页下左结构放置导航菜单写信、收信、通讯录、收件箱、星标邮件、群邮件、草稿箱、已发送、已删除、QQ邮件订阅、其他邮箱、漂流瓶、贺卡、明信片、日历、记事本、附件收藏、文件中转站、阅读空间。

(4)左导航菜单光标移入时显示背景色,移出时背景色消失。

(5)邮箱首页下右方是菜单内容的显示区域,首页内容有未读邮件提醒,可以进入收件箱、阅读空间的链接、写信插入地图功能区域、邮箱推荐区域以及生日提醒、我的消息区域。

(6)首页内容最下面提供友情链接、邮箱版本和版权说明。

12.2 设计思路

完成"QQ邮箱"首页原型设计的需求，需要使用如下知识点。

（1）页面布局采用上左右结构，下右作为内容显示区域采用内部框架元件。

（2）搜索框采用文本框（单行）和动态面板元件来实现，既可以手动输入又可以下拉选择内容。

（3）页面内容下左导航菜单光标移入时显示背景色，移出时背景色消失，需要添加显示和移动背景色用例。

（4）生日提醒、我的消息采用动态面板元件实现菜单内容的切换。

12.3 原型制作

12.3.1 首页页面布局

页面采用上左右结构，顶部信息的高度为70，左侧导航区域的宽度为180，高度为530，右侧的长度为820，高度为530。

（1）在站点地图上新建一个页面为"邮箱"，拖曳一个矩形元件到工作区域，坐标位置x的值为5、y的值为70，宽度设置为180、高度设置为530。矩形线宽设置为最宽，颜色设置为灰色（#CCCCCC），如图12.2所示。

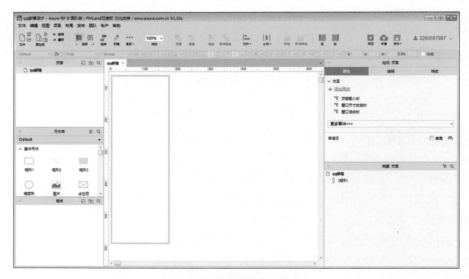

图12.2 拖拽矩形元件

（2）导航菜单分为上下两个部分，拖曳一个横线元件到导航菜单上，将其分为两个部分，横线元件线宽设置为最宽，颜色设置为灰色（#CCCCCC）。再拖曳一个横线元件到工作区域，作为右下内容区域与顶部信息间隔线，长度设置为820，线宽设置为最宽，颜色设置为灰色（#CCCCCC），如图12.3所示。

图12.3　添加间隔线

注意：先进行页面整体布局，搭建网站骨架，再填充内容。

12.3.2　首页顶部信息设计

顶部信息包括邮箱的Logo、邮箱首页、设置、换肤、反馈建议、帮助中心、退出的链接以及搜索框。

（1）拖曳一个占位符元件到工作区域，作为邮箱Logo图标。拖曳5个标签元件到工作区域，文本内容重新命名为"bjhua""<787293029@qq.com>""邮箱首页""设置""换肤"，将这些标签组件放置在邮箱Logo图标的右侧。拖曳一个垂直线作为间隔线，并把"bjhua"字体加粗，如图12.4所示。

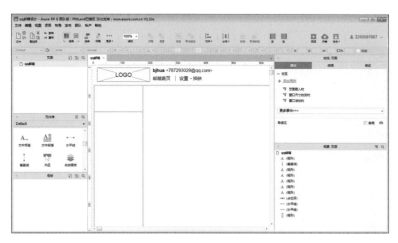

图12.4　添加邮箱Logo

（2）把"邮箱首页""设置""换肤"3个标签元件的标签重新命名为邮箱首页、设置、换肤。拖曳3个图像热区放置在3个元件上面，添加鼠标移入时设置文本内容通过富文本方式添加下画线；鼠标移出时设置文本内容通过富文本方式去掉下画线，如图12.5所示。

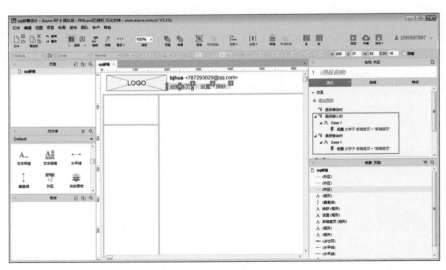

图12.5 设置文本下划线

注意：标签元件本身可以进行鼠标单击时用例，但是为了给客户好的体验，在标签元件上覆盖一个图像热区，这样客户在这个区域的任何位置都可以进行鼠标单击时用例，而不必非得点中标签文本内容才能触发鼠标单击时用例。

（3）拖曳3个标签元件，将文本内容重新命名为"反馈建议""帮助中心""退出"3个标签元件的标签重新命名为反馈建议、帮助中心、退出。拖曳3个图像热区放置在3个元件上面，添加鼠标移入时设置文本内容通过富文本方式添加下画线，鼠标移出时设置文本内容通过富文本方式去掉下画线。最后拖曳两个垂直线作为间隔线，如图12.6所示。

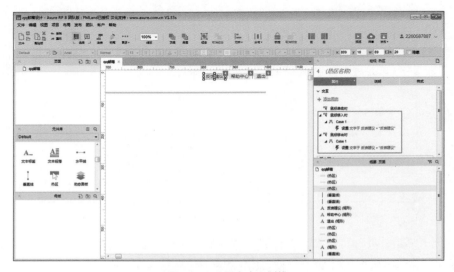

图12.6 设置文本下划线

（4）拖曳一个矩形元件作为搜索框的背景，拖曳两个图片元件到工作区域，一个作为放大镜的图片，另一个作为下三角的图片。拖曳一个文本框（单行）元件到工作区域，默认值为"邮件搜索…"，将标签命名为"search"，如图12.7所示。

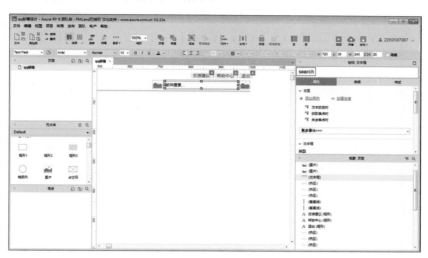

图12.7　制作搜索框

（5）给"search"输入框添加获得焦点时，清空输入框里内容；失去焦点时首先判断输入框里的值是否等于空，如果等于空，设置输入框里的文本值为"邮件搜索…"，如图12.8所示。

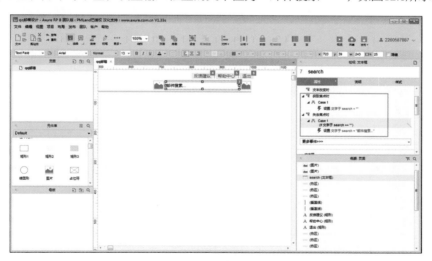

图12.8　添加输入框获得焦点时和失去焦点时用例

🔊　　注意：输入框经常会用到获得焦点时用例和失去焦点时用例，这两个用例设置必须要掌握。

（6）拖曳一个动态面板作为搜索框的下拉菜单，将标签命名为"搜索框"，新增状态为"搜索"；拖曳一个矩形元件到"搜索"状态里，作为下拉菜单的背景，如图12.9所示。

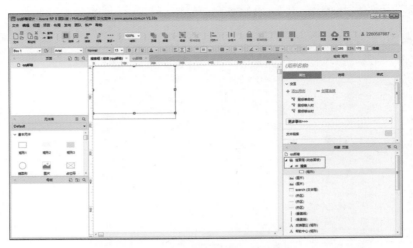

图12.9　添加动态面板和矩形元件

（7）拖曳3个图片元件作为下拉选项的图标，拖曳一个横线作为间隔线。拖曳4个标签元件，将文本内容重新命名为"查看所有邮件""查看所有群邮件""查看所有记事""高级搜索…"，将标签重新命名为"邮件""群邮件""记事""高级搜索"，如图12.10所示。

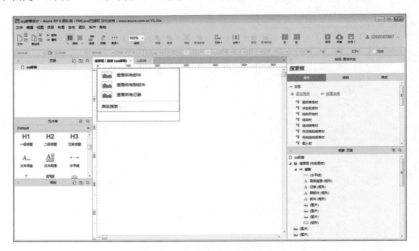

图12.10　添加下拉菜单选项内容

🔊　注意：我们自己制作下拉菜单是为了个性化设置下拉菜单，而没有使用下拉菜单元件，因为下拉菜单元件没有自己制作的灵活。

（8）拖曳一个矩形元件到工作区域，背景颜色设置为灰色（#CCCCCC），不透明度设置为60，边框设置为无，宽度设置为285，高度设置为34，标签命名为"下拉背景"，如图12.11所示。

图12.11　制作下拉背景图

（9）将下拉背景隐藏起来，拖曳4个图像热区元件，将标签分别命名为"邮件热点""群邮件热点""记事热点""高级搜索热点"，分别放置在下拉菜单的4个选项上面。单击"邮件热点"图像热区，添加鼠标移入时用例，显示下拉背景，移动下拉背景的绝对位置到（0，0），将"文本邮件"通过富文本方式设置为白色（#FFFFFF）字体，将"邮件""查看所有邮件"图标置于顶层。"群邮件""记事""高级搜索"通过富文本方式将字体颜色设置为黑色（#1E1E1E），如图12.12所示。

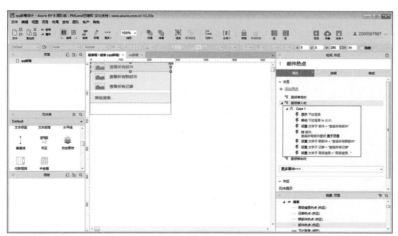

图12.12　添加邮件热点用例

🔊　　注意：用例里的交互行为顺序不可颠倒，否则执行出的效果会不一样，这说明用例的交互行为是按顺序执行的。

（10）单击"群邮件热点"图像热区，添加鼠标移入时用例，显示下拉背景，移动下拉背景的绝对位置到（0，34），将"文本群邮件"通过富文本方式设置为白色（#FFFFFF）字体，将"群邮件""查看所有群邮件"图标置于顶层;"邮件""记事""高级搜索"通过富文本方式将字体颜色设置为黑色(#1E1E1E),如图12.13所示。

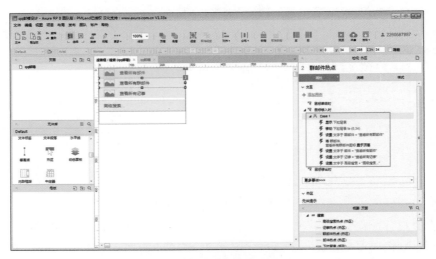

图12.13　添加群邮件热点用例

（11）单击"记事热点"图像热区,添加鼠标移入时用例,显示下拉背景,移动下拉背景的绝对位置到(0,68),将"文本记事"通过富文本方式设置为白色(#FFFFFF)字体,将"记事""查看所有记事"图标置于顶层;"邮件""群邮件""高级搜索"通过富文本方式将字体颜色设置为黑色(#1E1E1E),如图12.14所示。

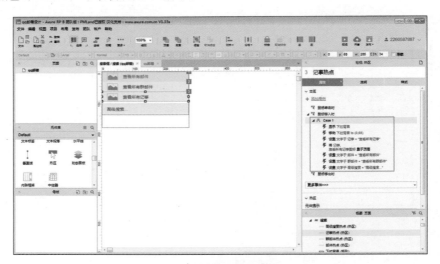

图12.14　添加记事热点用例

（12）单击"高级搜索"图像热区,添加鼠标移入时用例,显示下拉背景,移动下拉背景的绝对位置到(0,110),将文本高级搜索通过富文本方式设置为白色(#FFFFFF)字体,将"高级搜索"置于顶层;"邮件""群邮件""记事"通过富文本方式将字体颜色设置为黑色(#1E1E1E),如图12.15所示。

图12.15 添加高级搜索热点用例

（13）将"搜索框"动态面板隐藏起来。单击"搜索框"动态面板，添加鼠标移出时用例，隐藏"搜索框"动态面板，将"搜索框"动态面板置于底层，如图12.16所示。

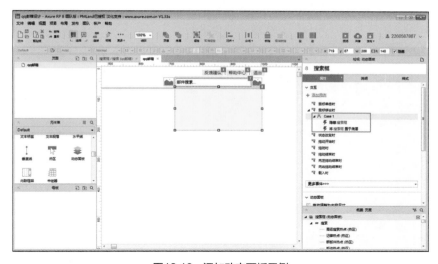

图12.16 添加动态面板用例

 注意：隐藏"搜索框"动态面板，并将它置于底层，以避免影响其他交互行为。

（14）新增一个全局变量"flag"，默认值为0。单击搜索框里的下三角图片元件，添加鼠标单击时用例。新增条件，当变量"flag"为0时，显示"搜索框"动态面板，将"搜索框"动态面板置于顶层，设置变量"flag"值为1；当变量"flag"为1时，隐藏"搜索框"动态面板，将"搜索框"动态面板置于底层，设置变量"flag"值为0，如图12.17所示。

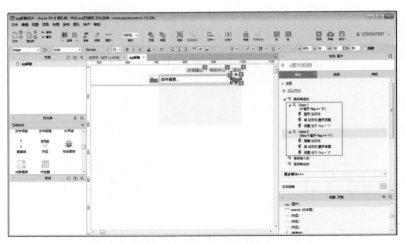

图12.17 添加下三角图片用例

12.3.3 导航菜单设计

导航菜单分为两个部分，写信、收信、通讯录为一组，剩下的为一组。鼠标移入菜单时，显示背景色，鼠标移出菜单时，背景色消失。

（1）拖曳3个图片元件作为写信、收信、通讯录的图标。拖曳3个标签元件，将文本内容重新命名为"写信""收信""通讯录"；再拖曳两个横线，作为间隔线，如图12.18所示。

图12.18 写信、收信、通讯录导航菜单

注意：在设计低保真原型时，会采用图片代替图标，用占位符代替将要放置的内容。

（2）拖曳一个矩形元件，背景色设置为灰色（#CCCCCC），不透明度设置为60，线宽设置为无，宽度设置为160，高度设置为30，将矩形标签命名为"菜单背景"，如图12.19所示。

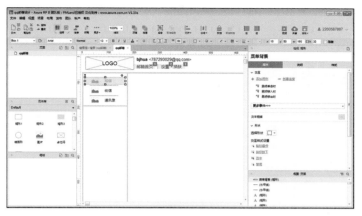

图12.19 导航菜单背景色

（3）将"菜单背景"置于写信图标和写信的层级下面，并且隐藏"菜单背景"矩形元件。拖曳3个图像热区，将标签分别命名为"写信热点""收信热点""通讯录热点"，如图12.20所示。

图12.20 隐藏导航菜单背景

（4）单击"写信热点"，添加鼠标移入时用例，显示菜单背景，移动菜单背景的绝对位置到（15,90）；添加鼠标移出时用例，隐藏菜单背景，如图12.21所示。

图12.21 给"写信热点"添加用例

（5）单击"收信热点"，添加鼠标移入时用例，显示菜单背景，移动菜单背景的绝对位置到（15，130）；添加鼠标移出时用例，隐藏菜单背景，如图12.22所示。

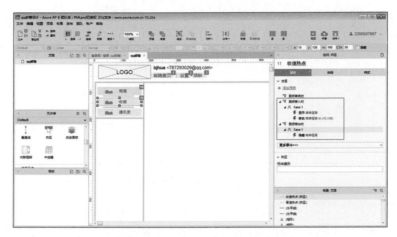

图12.22　给"收信热点"添加用例

（6）单击"通讯录热点"，添加鼠标移入时用例，显示菜单背景，移动菜单背景的绝对位置到（15，170）；添加鼠标移出时用例，隐藏菜单背景，如图12.23所示。

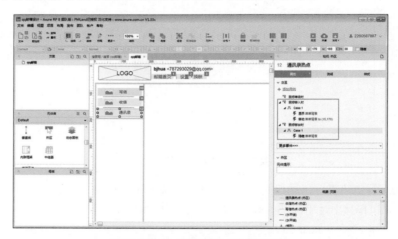

图12.23　给"通讯录热点"添加用例

注意：菜单背景移动的绝对位置的坐标，可以将背景图移动到相关菜单上面，用于记录坐标位置，这样在添加用例时可以直接设置绝对位置的坐标。

（7）拖曳17个标签元件，将文本内容分别命名"收件箱""星标邮件""群邮件""草稿箱""已发送""已删除""垃圾箱""QQ邮件订阅""其他邮箱""漂流瓶""贺卡""明信片""日历""记事本""附件收藏""文件中转站""阅读空间（257）"，并把"阅读空间（257）"字体加粗，如图12.24所示。

图12.24　添加导航菜单

（8）拖曳两个横线和两个垂直线，作为导航菜单间隔线，如图12.25所示。

图12.25　添加导航菜单间隔线

12.3.4　未读邮件提示区域

"QQ邮箱"首页里有一块区域，用来提示未读邮件数量，提供注册英文邮箱，进入收件箱，以及进入阅读空间的链接地址。

（1）在"邮箱"页面的右下方拖曳一个内部框架到工作区域，作为首页及导航菜单内容显示区域，宽度设置为811，高度设置为544；在内部框架上单击鼠标右键，选择"显示/隐藏边框"命令，将边框隐藏起来，如图12.26所示。

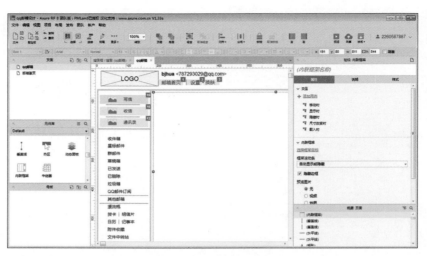

图12.26　新增内部框架

> 注意：内部框架经常用作内容显示区域，不同的内容都可以在内部框架里显示出来，并且在内部框架内可以设置默认显示的页面。

（2）在站点地图上新建"邮箱首页"页面，双击内部框架，默认打开"邮箱首页"页面，如图12.27所示。

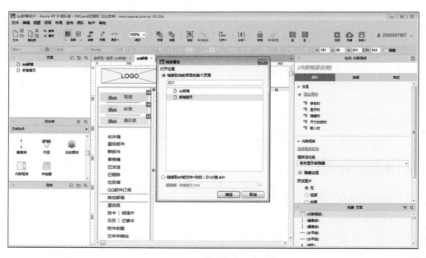

图12.27　内部框架默认打开页面

（3）进入"邮箱首页"页面，拖曳5个标签元件，将文本内容重新命名为"夜深了，huage""注册英文邮箱账号［如：jing@foxmail.com］""进入收件箱""阅读空间（257）"并将这四个字体加粗，另外一个标签文本内容设置为"邮件：0封未读邮件"；拖曳一个图片元件作为未读邮件的图标，如图12.28所示。

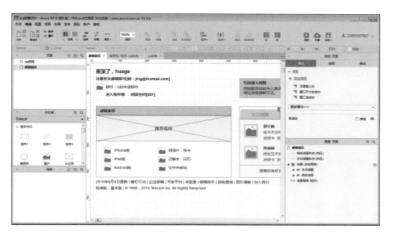

图12.28 编辑未读邮件区域内容

12.3.5 写信插入地图区域

"邮箱首页"有一块功能体验区域，它可以提供写信插入地图，用地图的方式告诉收件人具体的地理信息，让发件人的地址信息清晰可见。

（1）拖曳一个矩形元件，作为背景，颜色设置为灰色（#CCCCCC），边框设置为无，圆角半径设置为3，如图12.29所示。

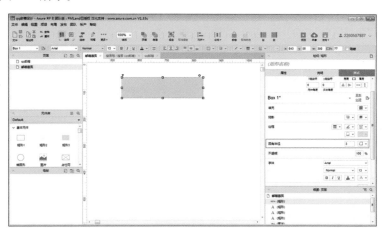

图12.29 设置背景色

注意：通过设置圆角矩形的半径，可以自行设计一些操作按钮图标，而不需要找美工人员去制作按钮图标。

（2）拖曳3个标签元件，将文本内容分别重命名为"写信插入地图""用地图告诉收件人具体的地理位置，让你的地址信息清晰可见"。"立即体验"，将"写信插入地图"字体加粗，并给"立即体验"添加下划线，如图12.30所示。

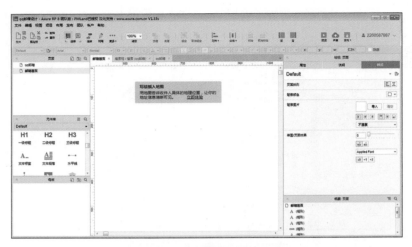

图12.30　编辑文本内容

12.3.6　邮箱推荐区域

邮箱推荐区域推荐一些App应用、邮箱特色功能供我们使用。

（1）拖曳两个矩形元件到工作区域，一个矩形元件的宽度设置为500，高度为235，作为邮箱推荐的外边框；另一个矩形元件的宽度设置为500，高度设置为35，颜色填充为灰色（#CCCCCC），如图12.31所示。

图12.31　拖曳矩形元件

（2）拖曳一个标签元件，将文本内容重新命名为"邮箱推荐"；拖曳一个占位符元件，作为邮箱推荐的海报，如图12.32所示。

> 注意：采用占位符元件来代替将要放置的推荐海报，是低保真原型经常用到的方式。

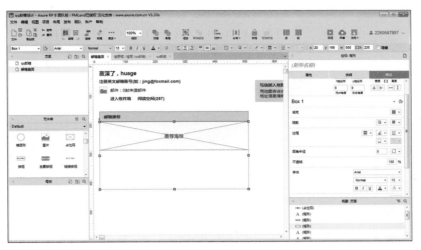

图12.32 设置推荐海报

（3）拖曳六个标签元件，将文本内容分别重命名为"iPhone版""iPad版""Android版""明信片－贺卡""记事本－日历""文件中转站"；拖曳6个图片元件，作为6个标签元件的图标，如图12.33所示。

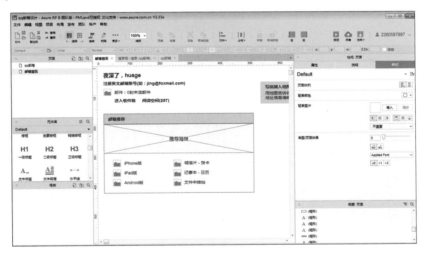

图12.33 设置推荐功能

12.3.7 消息区域

"邮箱首页"的消息区域可以显示"生日提醒"和"我的消息"两部分，这两部分内容可以通过菜单之间的切换显示不同的内容。

（1）拖曳一个矩形元件，宽度设置为300，高度设置为270，作为消息区域的边框；拖曳一个横线元件，颜色设置为灰色（#999999），作为间隔线，如图12.34所示。

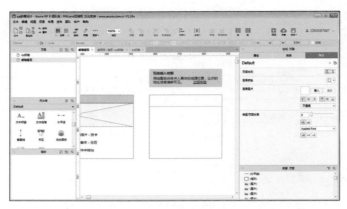

图12.34　消息区域边框

（2）拖曳两个矩形元件，设置矩形形状为顶部矩形，作为消息区域菜单；拖曳两个标签元件，将文本内容分别命名为"生日提醒""我的消息"，作为消息区域的菜单名称，如图12.35所示。

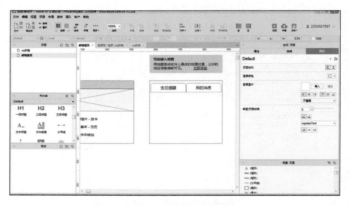

图12.35　消息区域菜单

（3）拖曳一个矩形元件，将矩形元件的形状设置为顶部矩形，宽度设置为145，高度设置为38，颜色填充为灰色（#CCCCCC），不透明度设置为60，边框设置为无，作为选中菜单背景图，如图12.36所示。

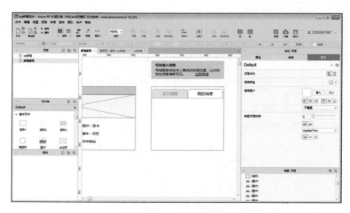

图12.36　菜单背景图

（4）拖曳一个动态面板元件，将标签命名为"消息"，新增状态为"生日提醒""我的消息"两个状态，如图12.37所示。

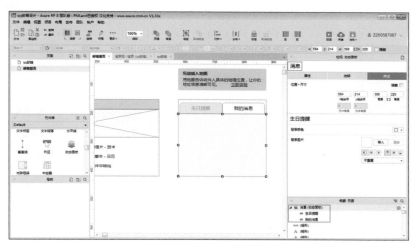

图12.37 新增"消息"动态面板及状态

注意：消息区域有两个菜单，来显示不同的内容，这时需要动态面板设置两种不同的状态，来满足消息区域的两个菜单。

（5）进入"生日提醒"状态里，拖曳两个图片元件，作为好友的QQ图像；拖曳7个标签元件，将文本内容分别命名为"郭宁静""在今天（9月23日）过生日""发贺卡发明信片""孙丽丽""将在五天后［9月28日］过生日""发贺卡发明信片""查看所有好友生日>>"，并把"郭宁静""孙丽丽"字体加粗；拖曳一个横线元件作为间隔线，如图12.38所示。

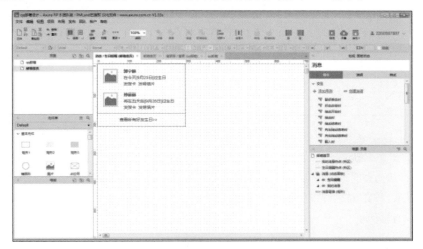

图12.38 新增"生日提醒"状态内容

（6）进入"我的消息"状态里，拖曳10个标签元件，将文本内容分别命名为"积分等级："""（11级）自助查询""邮箱容量："""2G（已使用227M，11%）""上次登录："""9小时前""垃圾举报："""11次""我的账单："""立即开通"；拖曳两个图片元件，作为等级进度条和银行卡图片，如图12.39所示。

图12.39　新增"我的消息"状态内容

（7）单击站点地图的"邮箱首页"页面，在消息区域导航菜单上拖曳两个图像热区，分别放置在菜单的上方，并将其分别命名为"生日提醒热点""我的消息热点"，如图12.40所示。

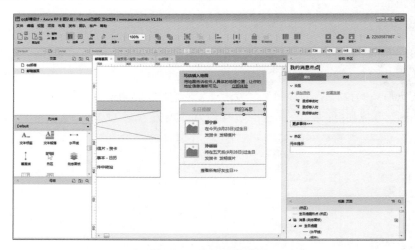

图12.40　添加图像热区

（8）单击"生日提醒热点"图像热区，添加鼠标单击时用例，移动消息背景的绝对位置到（554，175），设置动态面板的状态为"生日提醒"状态；单击"我的消息热点"图像热区，添加鼠标单击时用例，移动消息背景的绝对位置到（699，175），设置动态面板的状态为"我的消息"状态；如图12.41所示。

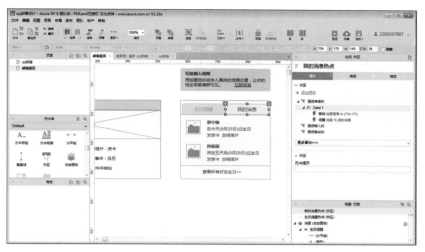

图12.41 给导航菜单添加鼠标单击时用例

12.3.8 邮箱版本及版权区域

邮箱首页的下方提供友情链接地址、邮箱的版本和版权信息。

（1）拖曳两个标签元件，将文本内容重新命名为"2016年9月8日更新 | 暖灯行动 | 企业邮箱 | 开放平台 | 体验室 | 邮箱助手 | 自助查询 | 团队博客 | 加入我们""标准版－基本版 | © 1998－2016 Tencent Inc. All Rights Reserved"，如图12.42所示。

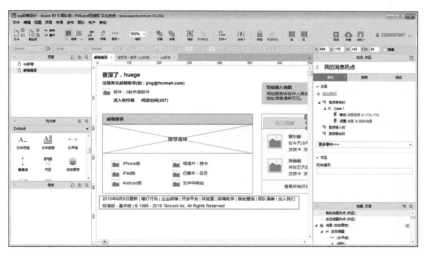

图12.42 添加友情链接及版权信息

注意：版权信息是网站设计过程中经常需要设计的模块，一般的网站都会包含版权信息。

（2）按快捷键F8发布制作的原型，实现"QQ邮箱"低保真原型设计，如图12.43所示。

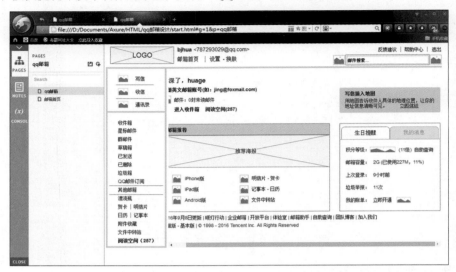

图12.43　发布原型

12.4 关键技术讲解

"QQ邮箱"原型设计，首先要对首页页面进行布局，布局后开始设计各个区域内容，包括顶部信息、导航菜单信息等；然后要注意对内部框架的使用，导航菜单显示的内容可以在内部框架里显示，内部框架也可以设置默认显示内容；最后在消息区域加深对动态面板的使用，通过动态面板的不同状态显示不同的内容，从而给用户一种Tab页菜单切换效果，提高用户的体验度。